金属材料与热处理学习辅导与练习 第2版

JINSHU CAILIAO YU RECHULI XUEXI FUDAO YU LIANXI

于友林 主编

马圣良 副主编

人民邮电出版社

北京

图书在版编目（CIP）数据

金属材料与热处理学习辅导与练习 / 于友林主编
. -- 2版. -- 北京 : 人民邮电出版社, 2020.8（2023.9重印）
中等职业教育规划教材
ISBN 978-7-115-53766-9

Ⅰ. ①金… Ⅱ. ①于… Ⅲ. ①金属材料－中等专业学校－教学参考资料②热处理－中等专业学校－教学参考资料 Ⅳ. ①TG14②TG15

中国版本图书馆CIP数据核字(2020)第058177号

内 容 提 要

本书根据江苏省教育厅公布的普通高校单独招生（对口单招）机械专业综合理论考试大纲的要求编写而成，是《金属材料与热处理》教材的配套学习辅导与练习用书。本书每章分为基础知识复习、高考要求分析、高考试题回顾、典型例题解析、高考模式训练、测试，题量大、题型新，最后附两套综合测试题。

本书可作为中等职业学校机电技术应用、机械加工制造、数控技术应用等专业学生的学习辅导用书。

◆ 主　　编　于友林
副 主 编　马圣良
责任编辑　刘晓东
责任印制　王　郁　马振武

◆ 人民邮电出版社出版发行　　北京市丰台区成寿寺路 11 号
邮编　100164　电子邮件　315@ptpress.com.cn
网址　https://www.ptpress.com.cn
北京七彩京通数码快印有限公司印刷

◆ 开本：787×1092　1/16
印张：8.5　　2020 年 8 月第 2 版
字数：199 千字　　2023 年 9 月北京第 3 次印刷

定价：35.00 元

读者服务热线：(010) 81055256　印装质量热线：(010) 81055316
反盗版热线：(010) 81055315
广告经营许可证：京东市监广登字 20170147 号

前　　言

本书依据国家课程标准，体现“以学习者为中心、教师为主导、学生为主体”的教改精神，紧扣《金属材料与热处理》教材编写而成，本书对课本知识进行了梳理与提高，密切联系生产和生活实际，适合机电技术应用、机械加工制造和数控技术应用等专业学生学习之用。本书根据江苏省教育厅公布的普通高校单独招生（对口单招）机械专业综合理论考试大纲的要求编写，紧扣重点，突破难点，瞄准高考。

本书每章分为基础知识复习、高考要求分析、高考试题回顾、典型例题解析、高考模式训练、测试，题量大、题型新，并根据考纲变化将第 1 版中的判断题改为选择题、填空题，并新增了高考模式训练部分以及补充了高考真题。本书坚持“低起点、多层次，题意新、结构巧，扣考纲、提高快”的编写指导思想，结合学情、教情、考情三方面因素，帮助学生系统掌握知识，全面、迅速、高效地完成学习任务。

本书主编于友林长期从事机电、机械、数控专业教学与对口单招复习、管理与指导工作，是中国机械工程学会热处理分会会员，江苏省优秀教师，南通市机电专业教科研基地负责人，中学高级教师，南通市机械学科带头人和南通市于友林机械名师工作室领衔人，主持江苏省教育科学研究院第二期一般教改课题及第三期、第四期重点教改课题研究，本书是课题“信息化下以学习者为中心的机电专业课程教学实践案例研究”（编号 ZCZ9）教改成果之一。

参与编写的教师还有江苏省海安中等专业学校唐素云、杨忠华、陆慧、袁萍、朱倩倩、朱奕、付璐、马圣良，其中多名教师是优秀教师、学科带头人及骨干教师。感谢南通市机电专业教科研基地、江苏省海安中等专业学校机电专业部的大力支持，同时感谢校企合作企业江苏万力机械股份有限公司的支持。

由于编者水平有限，书中难免存在不足之处，恳请读者批评指正。

编　者

2020 年 2 月

目　　录

绪　　论

一、单项选择题

1．金属材料是________的总称。

A．所有金属　　B．所有合金　　C．有金属特性物质 D．金属及其合金

2．金属是由________构成的具有金属特性的物质。

A．一种金属元素为主　　B．至少一种金属元素为主

C．单一金属元素　　D．多个金属元素

3．下列不属于金属材料特性的是________。

A．特殊光泽　　B．延展性　　C．导电性　　D．热处理

4．下列物质具有金属特性属于合金的是________。

A．三氧化二铝（Al_2O_3）　　B．四氧化三铁（Fe_3O_4）

C．灰铸铁（HT200）　　D．渗碳体（Fe_3C）

5．人类社会开始学会冶炼和使用金属材料的标志是________。

A．新石器时代　　B．钢铁时代　　C．蒸汽机的发明　　D．青铜器时代

二、填空题

1．中国古代有名青铜器是商代的__________；铁器比青铜器的硬度高________倍。

2．工业时代来临的标志是钢铁时代的到来和___________的发明。金属材料与热处理是研究金属材料的成分、组织、金属材料与热处理材料性能之间关系和__________的课程。

3．合金是由__________元素与其他金属元素或___________元素通过熔炼或其他方法合成的具有_________ 的物质。

三、分析题

阅读材料，回答问题。

图 0-1 为秦始皇陵铜车马图，铜车是立车，车门在车厢的后面，车上有圆形的铜伞，单手驭车，前驾四匹马。

铜车辕长 2.46m，轮径为 0.59m，车舆分前后，表面呈凸字形，凸突部分是驭手所坐之处。图中可以看到跪坐着的铜御者。铜御者高 0.51m，重 52kg。正前窗板为镂空的菱形斑纹，窗板可以开启，便于乘车人与驭手互通信息。两侧窗可以前后推动，窗板也是镂空菱形纹，从室内可以观测到车外的景象，但外面的人难以看清车内。篷盖面积达 $2.3m^2$。篷用铜骨架、铜条支撑，上覆绢帛。四匹马的高度为 0.91～0.93m，长度为 1.1～1.15m。四匹马的重量也

不一样，分别为 177kg、180.7kg、183kg 和 212.97kg。四马神志各别。中心的两匹马举头注视前方，两侧的马略侧视，张大鼻如喘息状。图中能见到的，挺立于马头之上的物体是车撑，用于支撑车辕。铜马车在制作上应用了铸造、焊接、镶嵌、黏接和子母扣、纽环扣、锥度配开、销钉连接等多种工艺。钻孔的最小直径为 1mm，饰件多处用如发丝的铜丝，窗板的铜片仅有 0.12～0.2cm，车头的内孔滚圆，就像车床加工的一样。铜马车的很多整件皆与当代应用的相似，如车门、前窗用的运动铰页，其形状与古日门窗上应用的活页极端相似。

图 0-1

1．从文字描述及图中看该铜车毛坯件是通过________制造而成，工匠应用了________、________、黏接和子母扣、纽环扣、锥度配开、__________等工艺。

2．最小直径为 1mm 的孔是通过________________加工而成，车辆头的内孔滚圆，就像_______加工的一样。

3．从材质属性看铜车材质属于________。四匹马重量不一样的原因是______________。

第一章　金属的结构与结晶

1.1　基础知识复习

一、金属的晶体结构

1．晶体与非晶体

（1）晶体。晶体是原子呈有序、有规则排列的物质。其具有固定的熔点，性能呈各向异性。金属在固态下均是晶体。

（2）非晶体。非晶体是原子呈无序堆积状态的物质。其没有固定的熔点，性能呈各向同性。普通玻璃、松香、树脂等属于非晶体。

2．晶格

晶格是晶体中原子排列规律的空间格架。

3．金属晶格的类型

（1）体心立方晶格（b.c.c）。

晶格特征：晶胞是一个正方体，原子位于立方体的八个顶角上和立方体中心，共 9 个原子。

常见金属：铬（Cr）、钒（V）、钨（W）、钼（Mo）、α-铁（α-Fe）等。

（2）面心立方晶格（f.c.c）。

晶格特征：晶胞是一个正方体，原子位于立方体的八个顶角上和立方体六个面上，共 14 个原子。

常见金属：铝（Al）、铜（Cu）、铅（Pb）、镍（Ni）、γ-铁（γ-Fe）等。

（3）密排六方晶格（h.c.p）。

晶格特征：晶胞是一个正六棱柱，原子位于棱柱的每个角上和上下底面的中心，另有三个原子排在柱体内，共 17 个原子。

常见金属：镁（Mg）、铍（Be）、镉（Cd）、锌（Zn）等。

二、纯金属的结晶

1．结晶

结晶是金属由原子不规则的液体转变为原子规则排列的固体的过程。

2．纯金属的冷却曲线与过冷度

（1）金属的结晶过程是通过热分析法进行研究。

（2）纯金属的冷却曲线（见图 1-1）。

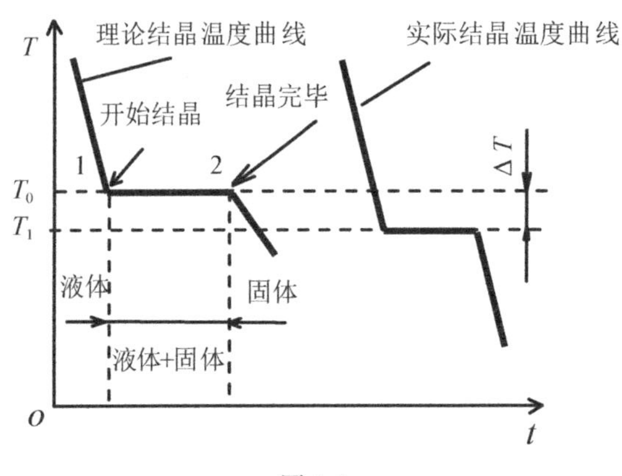

图 1-1

① 在 1 点以上段：液体金属随着时间延长，所含热量不断向周围介质（通常是空气）散失，液体温度不断下降。

② 12 结晶段：当液体冷却到 1 点时开始结晶，即液体开始转变为固体。由于结晶过程中释放出的结晶潜热补偿散失在周围介质（通常是空气）中的热量，故结晶时温度不随时间的延长而下降，直到 2 点结晶终了时才继续下降。12 点间的水平线段为结晶阶段，它所对应的温度为纯金属结晶温度（T_0）。

（3）过冷现象。

① 过冷现象：实际结晶温度（T_1）低于理论结晶温度（T_0）的现象。

② 过冷度（ΔT）：理论结晶温度与实际结晶温度之差。$\Delta T=T_0-T_1$。

③ 金属结晶时冷却速度越快，过冷度越大。

3．纯金属结晶过程

纯金属结晶过程是晶核的形成与晶核长大的过程。

4．晶粒大小对金属力学性能的影响

（1）一般在室温下，细晶粒金属具有较高的强度和韧性。

（2）金属晶粒的大小取决于结晶时的形核率与晶核长大速度。形核率越高、长大速度越小，结晶后晶粒越细小。

（3）常用细化晶粒方法。

① 增加过冷度。

原理：形核率 N 与长大速率均随过冷度而发生变化，但形核率比晶核长大速率增长更快，故增加过冷度能细化晶粒。

② 变质处理。

原理：浇注前向金属液体中加入细小的形核剂，促进形核，使晶粒显著增加或降低晶核的长大速度，从而细化晶粒。生产中最常用的方法。改变材料的化学成分。

③ 振动处理。

原理：结晶时对金属液加以振动（机械振动、超声波振动和电磁振动等），使生长中的枝晶破碎，产生更多的晶核，达到细化晶粒的目的。

④ 热处理。

原理：将固态金属或合金采取适当方式进行加热、保温、冷却，以获得所需要的组织结构与性能的工艺。常规热处理退火、正火、淬火、回火、调质、表面淬火等，热处理只改变组织与性能，均不改变化学成分，不特别说明化学热处理，如渗碳、碳氮共渗等就不会改变化学成分。

三、金属的同素异构转变

1．定义：金属在固态下，随温度的改变由一种晶格转变为另一种晶格的现象。

2．具有同素异构转变的金属有：铁（Fe）、钴（Co）、钛（Ti）、锡（Sn）、锰（Mn）等。

3．纯铁的同素异构转变式如下。

$$\underset{(b.c.c)}{\alpha-Fe} \xrightleftharpoons{912\ ℃} \underset{(f.c.c)}{\gamma-Fe} \xrightleftharpoons{1394\ ℃} \underset{(b.c.c)}{\delta-Fe}$$

1.2　高考要求分析

考纲要求：了解金属的晶体结构及常见三种金属晶格类型。了解纯金属的结晶与同素异构转变。

金属的结构与结晶主要研究金属材料的内部结构及其对金属性能的影响，掌握好这个知识点对于以后正确选用和加工金属材料具有非常重要的意义。

因此，金属的结构与结晶这部分知识作为考试内容也经常出现在高考试卷中。试题主要以填空、选择、判断和问答等形式出现。试卷中常涉及的内容有：常见金属的晶格类型；细化金属晶粒的根本途径；常用细化晶粒的方法；纯铁的同素异构转变；纯金属的冷却曲线及过冷度等。

1.3　高考试题回顾

1．（2004 年高考题）下列金属中不属于同一种晶格类型的金属是（　　）。

A．V　　B．Cu　　C．W　　D．α-Fe

2．（2004 年高考题）为了提高金属的力学性能，必须控制金属结晶后的晶粒大小。细化晶粒的根本途径是控制________________及__________________。

3．（2006 年高考题）浇注前向液态金属中加些细小的形核剂，使其成为人工晶核，从而增加晶粒数目，降低晶核长大速度的方法称为（　　）。

A．球化处理　　B．孕育处理　　C．水韧处理　　D．变质处理

4.（2006 年高考题）纯铁由 1200℃冷却 800℃时为面心立方晶格的 α-Fe。（　　）

5.（2006 年高考题）图 1-2 为纯金属的冷却曲线，是回答以下问题。

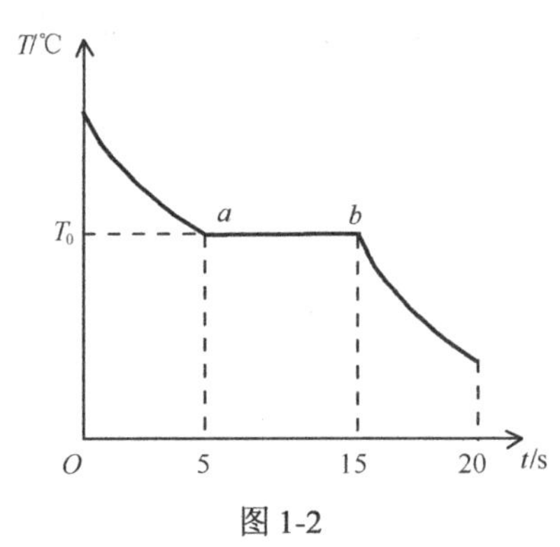

图 1-2

（1）冷却曲线上 ab 两点间的水平线为纯金属的________________阶段。

（2）冷却曲线上出现 ab 水平线段的原因是：纯金属在结晶过程中释放出来的_________补偿了散失在空气中的________________。

（3）纯金属在结晶过程中所用的时间为：__________________秒。

（4）冷却曲线上 T_0 称为纯金属_________温度，它与____________温度之差称为过冷度，纯金属结晶时过冷度的大小与_________________有关。

（5）一般在室温下，细晶粒金属具有较高的_________________；对于中、小型铸件，若要细化晶粒宜采用______________的方法。

6.（2009 年高考题）金属的结晶过程由晶核的_________和__________两个基本过程组成，并且这两个过程是同时进行的。

7.（2013 年高考题）下列选项中能够，具有面心立方晶格的金属是（　　）。

A．α-Fe　　B．镍　　C．铬　　D．锌

8.（2013 年高考题）在生产中，细化晶粒最常用的方法是_______，改善灰铸铁性能性能最常用的方法是___________。

9.（2014 年高考题）下列关于金属同素异构转变说法中，正确的是（　　）。

A．在液体转变到固体过程中发生过　　B．转变过程中有过冷现象

C．金属铁所特有的性质　　D．转变时没有结晶发生

10.（2016 年高考题）金属同素异构转变时，__________结晶潜热的产生，_________体积的变化。(填“有”或“无”)

11.（2017 年高考题）下列晶体缺陷中，能使金属材料的塑性变形更加容易的是（　　）。

A．亚晶界　　B．刃位错　　C．间隙原子　　D．空位原子

1.4　典型例题解析

【例 1】 纯铁结晶时，冷却速度越快，则（　　）。

A．过冷度越大，晶粒越细　　B．过冷度越大，晶粒越粗

C．过冷度越细，晶粒越细　　D．过冷度越大，晶粒越粗

【解析】金属结晶时过冷度的大小与冷却速度有关。冷却速度越快，金属的实际结晶温度越低，过冷度也越大。而增加过冷度是细化晶粒常用的有效方法。所以过冷度越大，晶粒越细。

【答案】A

【例2】金属发生同素异构转变时要________热量，转变是在恒温下进行的。

【解析】金属发生同素异构转变也是晶核的形成与晶核长大的过程，转变时要放出热量，释放出的结晶潜热补偿散失在周围介质（通常是空气）中的热量，所以转变是在恒温下进行的。

【答案】放出

【例3】以下金属与γ-Fe有相同的晶格类型的是（　　）。

A. δ-Fe　　B. 铝　　C. 锌　　D. α-Fe

【解析】金属的晶格类型有面心立方晶格、体心立方晶格和密排六方晶格三种。γ-Fe 是面心立方晶格，δ-Fe和α-Fe是体心立方晶格，铝是面心立方晶格，锌是密排六方晶格。

【答案】B

1.5 高考模式训练A

一、单项选择题（共5小题，每小题3分，共15分）

1. 下列选项中物质在固态下属于晶体的是______________。

A. 所有的金属　　B. 普通的玻璃　　C. 橡胶　　D. 蜂蜡

2. 不属于常见的三种简单晶格的是____________。

A. 体心立方晶格　　B. 渗碳体的晶格　　C. 密排六方晶格　　D. 面心立方晶格

3. 下列不属于同一类型晶体结构的是_________。

A. W　　B. Mo　　C. α-Fe　　D. γ-Fe

4. 下列物质晶胞的原子数最多的是__________。

A. Al　　B. V　　C. Au　　D. Mg

5. 晶体结构缺陷中使材料塑性增强的是___________。

A. 间歇原子　　B. 空位原子　　C. 刃位错　　D. 晶界

二、填空题（每空1分，共7分）

1. 从晶体结构上看，普通金属材料在固态下都是____________；晶体中原子紊乱排列的现象称为____________。

2. 金属材料的性能主要包括物理性能、化学性能、_____________和______________等。

3. 晶界处原子排列极__________，造成晶格畸变处于不稳定状态，高温下晶界处原子极易扩散，在常温下，晶界使金属的塑性变形阻力__________，表现为材料的强度和硬度_________。

三、分析题（每空 1 分，共 8 分）

图 1-3 为纯金属冷却曲线图，回答以下问题。

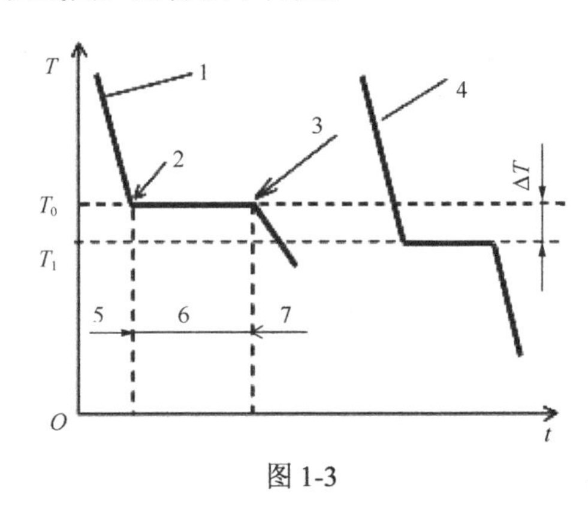

图 1-3

1．冷却曲线 1 是____________________，冷却曲线 4 是____________________。

2．冷却曲线 1 上的 2 点是____________，3 点是_________________。

3．冷却曲线 1 上的 2 点的左边（5 区域）金属的状态是_______，2 点至 3 点之间（6）是________区域，3 点的右边（7 区域）金属的状态是________。

4．ΔT 是___________________。

1.6　高考模式训练 B

一、单项选择题（共 5 小题，每小题 3 分，共 15 分）

1．金属液体结晶时，过冷度的大小与金属液体______________有关。

A．密度大小　　B．开始冷却时的温度

C．流动性好坏　　D．冷却的速度

2．金属结晶时从液体转变为固体会放出一定热量，该热量称为___________。

A．化学反应热　　B．结晶潜热　　C．相变热量　　D．临界温度

3．下列物质变化（或转变）时不是在恒温下进行的是________。

A．铁的同素异构转变过程　　B．纯金属由液体结晶为固体过程

C．铁碳合金的共析转变　　D．亚共析钢从 *AC* 线到 *AE* 线之间的变化

4．一切晶体物质结晶过程都是_________________。

A．晶核产生　　B．晶核长大

C．先晶核产生后晶核长大　　D．晶核产生和晶核长大同时进行

5．金属结晶后，一般晶粒越细，其___________。

A．强度和硬度越高，塑性和韧性越低　　B．强度和硬度越低，塑性和韧性越高

C．强度和塑性越高，硬度和韧性越低　　D．强度和硬度越高，塑性和韧性越好

二、填空题（每空 1 分，共 7 分）

1．金属材料的晶粒越细，其晶界总面积越____________。

2．有色金属的晶粒一般都比钢铁的晶粒______________。晶粒的大小与结晶过程中晶核形成的____________和____________有关。

3．薄壁铸件的晶粒比厚大铸件的晶粒细小的原因实质是____________细化晶粒。对于固态下晶粒粗大的金属材料，可以通过________来细化晶粒。在铸铁中加入硅铁细化晶粒是属于________细化晶粒。

三、分析题（每空 1 分，共 8 分）

图 1-4 为形核率、长大速率与过冷度关系曲线图，回答以下问题。

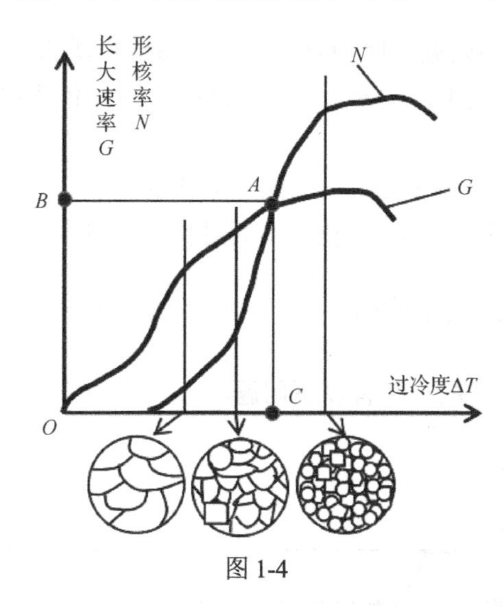

图 1-4

1．从曲线上看，在 A 点左边随过冷度 ΔT 的增加，晶粒的长大速率__________形核率的变化，在 A 点表明 ΔT_A 条件下结晶，形核率与长大速率______________。

2．在 A 点以上说明，形核率越__________，长大速率相对增长较__________，则结晶后的晶粒越__________。

3．由图中可见，随着过冷度的增加晶粒越______________。

4．由此推断：在生产中一般通过提高______________并控制晶粒________________的方法来细化晶粒。

1.7　高考模式训练 C

一、单项选择题（共 5 小题，每小题 3 分，共 15 分）

1．细化晶粒方法中属于改变化学成分的是________________。

A．常规热处理细化晶粒　　B．变质处理细化晶粒

C．振动处理使枝晶破碎　　D．增加过冷度阻止晶粒长大

2．不具有同素异构转变的金属是＿＿＿＿＿＿。

A．铁　　B．铝　　C．锡　　D．锰

3．一些金属在固态发生同素异构转变的条件是＿＿＿＿＿。

A．温度变化　　B．有无磁性　　C．是否有共析转变　D．是否有共晶转变

4．下列不属于铁的同素异构晶体的符号是＿＿＿＿＿＿＿＿。

A．α-Fe　　B．γ-Fe　　C．δ-Fe　　D．β-Fe

5．金属铁在＿＿＿＿＿℃以下具有铁磁性。

A．1140　　B．912　　C．770　　D．727

二、填空题（每空 1 分，共 7 分）

1．一种固态金属，在不同温度区间具有不同的晶格类型的性质，称为＿＿＿＿＿＿。

2．金属的同素异构转变也是一种＿＿＿＿过程，同样包含晶核的＿＿＿＿＿＿，又称为＿＿＿＿。

3．同素异构转变时，新晶格的晶核优先在原来的＿＿＿＿＿＿形核，转变需要有较大的＿＿＿＿＿＿，由高温状态下的 γ-Fe 转变为低温状态下的 α-Fe，铁的体积会＿＿＿＿＿。

三、分析题（每空 1 分，共 8 分）

图 1-5 为纯铁的冷却曲线图，回答以下问题。

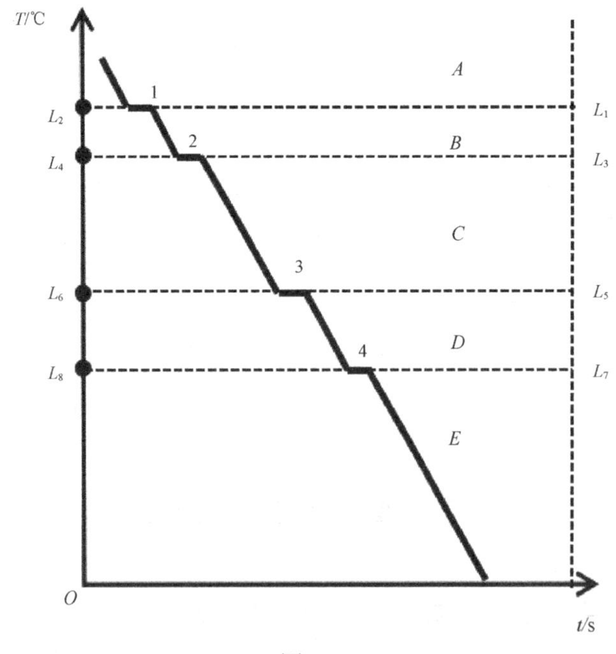

图 1-5

1．从曲线上看，从高温液体冷却到 1 水平线温度为______________，在 *A* 区域纯铁为__________。

2．曲线上 2 水平线温度为_________，*B* 区域纯铁的晶格为________________。

3．曲线上 3 水平线温度为_________，*C* 区域纯铁的晶格为________________。

4．曲线上 4 水平线温度为_________，*D* 区域纯铁的晶格为________________。

1.8 测试A

（满分100分，时间90分钟）

一、填空题（每空1分，20分）

1．在物质内部，原子呈无序堆积状态的物质叫__________________，原子呈有序、有规则排列的物质叫______________。金属在固态下属于_________________。

2．表示原子在晶体中排列规律的_________________叫晶格。能够完整反映晶格特征的________叫晶胞。

3．金属晶格的基本类型有____________、______________与________________三种。钒属于_______________，铝属于_______________，镁属于___________________。

4．金属的结晶过程是一个___________和_____________的过程。

5．金属的晶粒越细小，其强度、硬度_______________，塑性、韧性________________。细化晶粒的根本途径是控制结晶时的_____________________和__________________。

6．金属在________________下，随温度的改变，由____________转变为____________的现象称为同素异构转变。

二、选择题（将正确的选项填入空格中，每题1分，共20分）

1．同一金属的同素异构晶体按其稳定存在的温度，由低温到高温依次用希腊字母________等表示。

A．β, γ, δ, α　　B．α, γ, β, δ　　C．γ, α, β, δ　　D．α, β, γ, δ

2．当γ-Fe转变为α-Fe时，铁的体积会________。

A．膨胀　　B．快速收缩　　C．不变　　D．缓慢收缩

3．________与锌具有相同的晶格类型。

A．钨　　B．铅　　C．镁　　D．铜

4．________细化晶粒的方法只适用于中、小型铸件。

A．增加过冷度　　B．变质处理　　C．机械振动　　D．超声波振动

5．以下金属属于密排六方晶格的是________。

A．Cr　　B．α-Fe　　C．Ni　　D．Be

6．金属发生结构改变的温度称为________。

A．凝固点　　B．临界点　　C．过冷度　　D．结晶温度

7．以下物质在常温下属于晶体的是________。

A．金属汞　　B．金属铝　　C．普通玻璃　　D．松香

8．纯铁在1000℃时为________晶格。

A．体心立方　　B．面心立方　　C．密排六方　　D．斜放

9．其他原子占据晶格节点位置的缺陷称为________。

A．空位　B．间隙原子　C．置代原子　D．位错

10．纯铁结晶时，冷却速度越快，则________。

A．过冷度越大，晶粒越细　B．过冷度越大，晶粒越粗

C．过冷度越小，晶粒越细　D．过冷度越小，晶粒越粗

11．低于912℃时，金属铁具有的晶格类型是________。

A．密排六方晶格　B．体心立方晶格　C．面心立方晶格　D．斜方晶格

12．纯铁的理论结晶点是________℃。

A．912　B．770　C．1394　D．1538

13．金属铁在________℃以下温度才能被磁化。

A．912　B．770　C．1394　D．1538

14．纯铁由高温液体结晶时首先得到的是________。

A．γ-Fe　B．δ-Fe　C．α-Fe　D．β-Fe

15．体心立方晶格的晶胞共有________个原子。

A．9　B．14　C．17　D．不确定

16．金属的同素异构转变也是属于________。

A．凝固　B．升华　C．结晶　D．熔化转变

17．金属在结晶过程中会________。

A．放出热量　B．吸收热量　C．吸收—放出热量　D．放出—吸收热量

18．________的存在使金属材料的塑性变形更加容易。

A．晶界　B．间隙原子　C．亚晶界　D．线缺陷

19．多晶体在不同的方向上具有________。

A．各向同性　B．各向异性　C．亚晶界　D．线缺陷

20．生产半导体元件的硅晶体、锗晶体都是________。

A．单晶体　B．多晶体　C．液晶　D．同素异构晶体

三、选择填空题（将正确的内容填入空格中，每题1分，共20分）

1．在固态下，铁及其合金都是______（晶体、非晶体）。

2．同素异构转变过程_____（有、无）晶核形成与晶核长大过程。

3．一般说，晶粒越粗大，金属材料的力学性能越____（差、好）。

4．纯铁在950℃是____（体、面）心立方晶格的γ-Fe。

5．金属材料的塑性变形是通过______（位移、位错）运动来实现的。

6．多晶体和单晶体不一样，前者力学性能显示为各向______（异性、同性）。

7．实际金属的晶体结构不仅是_____（单、多）晶体，而且还存在着多种缺陷。

8．纯金属的结晶时与同素异构转变时都有一个_____（恒定、无恒定）温度的过程。

9．锰在不同温度下_______（只有一种、有多种）晶体结构。

10．在结晶时采用振动处理，形成更多的_____（晶胞、晶核），达到细化晶粒。

11．在结晶时金属的理论结晶温度____（高、低）于实际结晶温度。

12．一般来说，晶粒越粗材料的力学性能越_____（好、差）。
13．对于大型铸件一般采用_____（增加过冷度、振动处理）的方法细化晶粒。
14．一般来说，室温下金属在______（固态、液态）都是晶体。
15．通过同素异构转变使金属在_____（固态、液态）下重结晶，获得所需力学性能。
16．铁的同素异构转变是钢能够进行_____（铸造、热处理）的重要依据。
17．金属铁在 770℃以上________（没有、有）磁性。
18．有色金属的晶粒一般都比钢铁的晶粒________（小、大）。
19．点位缺陷在宏观上使金属材料的强度、硬度和电阻_______ （增大、降低）。
20．金刚石和石墨是非金属 _____（同素异构、不同种元素）晶体。

四、综合题（本题共 4 小题，共 40 分）

1．（6 分）写出纯铁的同素异构转变式（需标明转变温度、晶格类型）。

2．（15 分）图 1-6 是纯金属的冷却曲线，是回答下列问题。

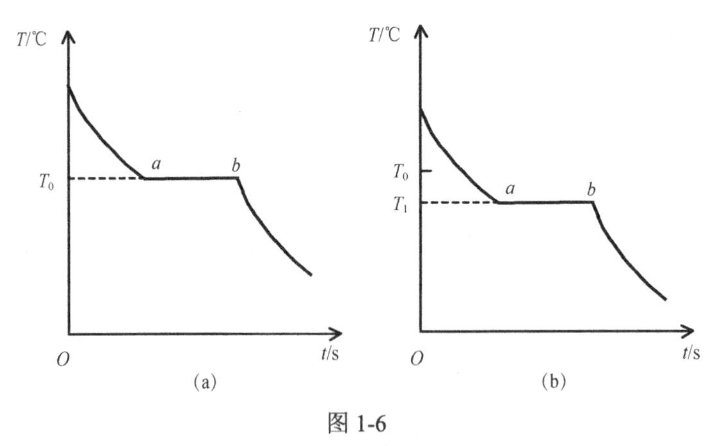

图 1-6

（1）纯金属的冷却曲线是用____________法测定的，曲线中横坐标表示_____________，纵坐标表示_______________；

（2）图 1-6（a）中冷却曲线上 *a* 至 *b* 两点间的水平线为纯金属的_____________阶段。

（3）冷却曲线上出现的水平段的原因是：纯金属在结晶过程中释放出来的__________补偿散失在周围介质（一般为空气）的______________。

（4）图 1-6（a）冷却曲线上 T_0 称为纯金属的_______________温度，图 1-6（b）冷却曲线上 T_1 称为纯金属的________________温度，______________与_______________之差称为

过冷度，金属的过冷度的大小与________________ 有关。

（5）一般在室温下，细晶粒金属具有较高的________________，常用的细化晶粒有__________、__________和________________三种。

3.（9 分）完成下列常见晶体缺陷及对材料性能影响表格。

<table>
<tr><th>类型</th><th>名称</th><th>对性能影响</th></tr>
<tr><td rowspan="3">点缺陷</td><td></td><td rowspan="3"></td></tr>
<tr><td></td></tr>
<tr><td></td></tr>
<tr><td>线缺陷</td><td></td><td></td></tr>
<tr><td rowspan="2">面缺陷</td><td></td><td rowspan="2"></td></tr>
<tr><td></td></tr>
</table>

4.（10 分）分别在一张云母片与玻璃片上涂一层很薄的石蜡，然后用加热的钢针分别接触云母片与玻璃片。问各出现什么现象？为什么？

1.9　测试B

（满分100分，时间90分钟）

一、填空题（每空格1分，共20分）

1．金属材料是金属及其______________________的总称。

2．晶体有一定的熔点，性能呈______________________。

3．凡原子成有序、有规则排列的物质称为____________。

4．能够反映原子排列规律的空间格架称为____________。

5．一般都是用________________来研究金属的晶格结构。

6．绝大多数金属具有______________、________________和________________三种简单晶格。

7．晶体中原子紊乱排列的现象称为______________________。

8．点缺陷使材料的强度、硬度和电阻__________________。

9．晶界越多使金属材料的力学性能越______________________。

10．金属从高温液态状态冷却凝固转变为固体的过程称为______________________。

11．金属在冷却凝固过程中，会释放出一定的热量，称为______________________。

12．理论结晶温度与实际结晶温度之间的差称为__________________。其大小与冷却__________有关。

13．金属结晶过程是由_____________的产生与__________________两个基本过程组成的。

14．金属材料的晶粒越细，其晶界总面积越__________，强度也越_____________。

15．形核率越高，长大速度越慢，则结晶后晶粒越________________。

二、选择题（将正确的选项填入空格中，每题1分，共20分）

1．下列物质属于晶体的是________。

A．石蜡　　B．玻璃　　C．橡胶　　D．固态铝

2．属于体心立方晶格的金属是________。

A．镁　　B．钨　　C．锌　　D．铜

3．属于线缺陷的晶体缺陷是________。

A．刃位错　　B．晶界　　C．亚晶界　　D．间隙原子

4．金属的实际结晶温度越低，过冷度越________。

A．大　　B．小　　C．低　　D．无法比较

5．薄壁铸件中的晶粒比厚壁铸件中晶粒________。

A．粗大　　B．细小　　C．简单　　D．无法比较

6．金属凝固前向金属液体中加入变质剂，主要是________。

A．降低结晶速度　B．增加晶粒体积　C．使晶粒变细　D．使晶粒成单晶体

7．振动处理能使晶粒细化，其主要作用是________。

A．降低晶粒长大速度　B．防止温度降低太快

C．使晶粒数增加　D．使晶粒表面光滑

8．常用细化晶粒的方法主要是金属在________进行的。

A．固态　B．气态　C．液态　D．升华

9．金属材料的晶粒越细，其晶界总面积________。

A．越小　B．越大　C．不变　D．无法确定

10．金属的晶格类型固定不变的是________。

A．铁　B．锰　C．锡　D．铜

11．低于912℃时，金属铁具有的晶格类型是________。

A．密排六方晶格　B．体心立方晶格　C．面心立方晶格　D．斜方

12．纯铁的熔点是________℃。

A．912　B．770　C．1394　D．1538

13．金属铁在________℃以下温度才能被磁化。

A．912　B．770　C．1394　D．1538

14．纯铁由高温液体结晶时首先得到的是________。

A．γ-Fe　B．δ-Fe　C．α-Fe　D．β-Fe

15．密排六方晶格的晶胞共有________个原子。

A．9　B．14　C．17　D．18

16．能够反映金属原子排列规律的最小单元是________。

A．晶胞　B．晶格　C．晶粒　D．晶体

17．金属是由相同原子构成的________。

A．晶胞　B．晶格　C．晶粒　D．晶体

18．________的存在使金属材料的塑性变形更加容易。

A．晶界　B．间隙原子　C．亚晶界　D．刃位错

19．单晶体在不同的方向上具有________。

A．各向同性　B．各向异性　C．磁性　D．同素异构转变

20．生产半导体元件的硅晶体、锗晶体都是________。

A．单晶体　B．多晶体　C．化合物　D．混合物

三、选择填空题（将正确的内容填入空格中，每题1分，共15分）

1．金属是由____（多、单一）元素构成的具有特殊的光泽、延展性、导电性和导热性的物质。

2．固态下，_____（绝大部分、所有）金属都是晶体。

3．常温下______（除汞外其他、所有）金属是固体。

4．自然界中______（锰、金）金属原子构成多种晶格类型的晶体。

5．α-Fe的晶胞是_______（正六棱柱型、正方体型）。

6．晶界是晶粒之间________（封闭、不封闭）的空间曲面。

7．晶体缺陷对金属材料许多性能_____（有、无）影响。

8．在晶体中，由于错排晶格产生的畸变，所以晶体内形成____（亚晶界、置代原子）。

9．纯金属的结晶是在______（常温、恒温）下进行的。

10．多晶体物质是由许多形状不规则的小_____（晶粒、晶体）组成的。

11．相同体积的同一种金属元素形成的晶体物质，其晶粒越细，塑性越____（好、差）。

12．增加过冷度能使形核率增加，_______（也能、不能）增大晶粒长大速率。

13．金属的同素异构转变_____（也是、不是）一种结晶。

14．在不改变零件尺寸、形状的情况下，通过______（同素异构、晶格畸变）实现钢零件内部组织结构和性能发生改变。

15．在铸铁液中加入硅铁、钙铁等，_____（能、不能）细化晶粒。

四、综合题（本题共4小题，共45分）

1．（12分）画出体心立方晶格、面心立方晶格和密排六方晶格的晶胞示意图。

2．（12分）晶粒大小对金属材料性能有什么影响？铸件在浇铸过程中是如何细化晶粒的？

3．（6分）金属的同素异构转变与结晶相比有哪些异同点？

4.（15 分）图 1-7 是一种金属材料冷却曲线，回答下列问题。

（1）如果金属是纯铁，问 T_0 为多少？（2 分）

（2）T_0、T_1 分别是什么温度？两者之差是什么？（2 分）

（3）12 段是什么过程？为何出现 12 水平段？（7 分）

（4）根据所学知识请画出，加热时的曲线图。（4 分）

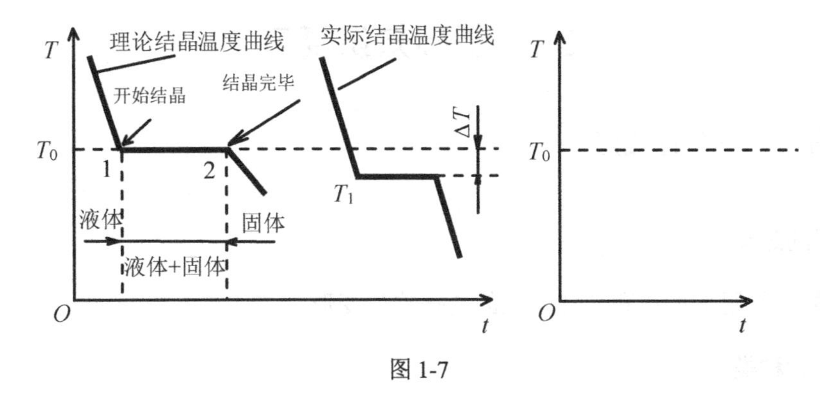

图 1-7

第二章　金属材料的性能

2.1　基础知识复习

一、材料的损坏与塑性变形

1. 变形的定义

零件在外力作用下形状和尺寸发生的变化称为变形。

2. 变形的种类

变形分为弹性变形和塑性变形。

（1）弹性变形：在外力消除后能够恢复的变形。零件在工作时允许发生弹性变形，不属于损坏。弹性变形时，当外力消除后变形消失，金属恢复到原来的形状，因此，金属发生弹性变形后的组织和性能不发生变化。

（2）塑性变形：在外力消除后无法恢复的永久变形。造成零件损坏的变形是指塑性变形等。塑性变形后金属的组织和性能发生变化。

3. 机械零件常见的损坏形式

变形（弹性变形不属于损坏、塑性变形）、断裂（零件开裂、折断）、磨损（零件尺寸、表面形状、表面质量发生变化）。

4. 与变形相关的概念

（1）载荷的分类：根据载荷作用性质不同，载荷分为静载荷、冲击载荷和交变载荷三种。根据载荷作用形式不同，载荷分为拉伸载荷、压缩载荷、弯曲载荷、剪切载荷和扭转载荷。

（2）应力：横截面上所受的内力称为应力，单位：帕（Pa）。

5. 金属的变形

影响金属变形的因素有晶粒位相的影响、晶界的作用、晶粒大小的影响。

6. 金属材料的冷塑性变形与加工硬化

（1）冷塑性变形：在不加热常温下进行的变形加工。冷塑性变形会使晶粒沿变形方向压扁或拉长，还会使晶粒内部的位错密度增加，晶格畸变加剧。

（2）形变强化或加工硬化：金属在冷变形加工时，其强度、硬度提高，而塑性、韧性下降的现象。

二、金属的力学性能

1. 强度

（1）定义：金属在静载荷作用下，抵抗塑性变形或断裂的能力。强度的大小用应力表示，强度由拉伸试验测定，以抗拉强度代表材料的强度指标。

（2）强度指标（用拉伸试验测定）。

① 屈服强度 R_{el}。

$$R_{el} = F_{el}/S_0 \text{（MPa）}$$

除低碳钢、中碳钢极少数合金钢有屈服现象外，大多数金属材料没有明显的屈服现象。对于脆性材料没有明显的屈服现象，规定用产生 0.2%残余伸长时的应力作为屈服强度，可以代替下屈服点 R_{el}，称为条件（名义）屈服强度，用符号为 $R_{P0.2}$ 表示。

② 抗拉强度 R_m。

$$R_m = F_m/S_0 \text{（MPa）}$$

材料的 R_{el}、R_m 可在材料手册中查得。一般机械零件都在弹性状态下工作，不允许有微小的塑性变形，更不许工作应力大于 R_m。

2. 塑性

（1）定义：断裂前金属材料塑性变形（产生永久变形）的能力。

（2）塑性指标（用拉伸试验测定）。

① 断后伸长率 A。

$$A=（L_u-L_0）/L_0\times100\%$$

② 断面收缩率 Z。

$$Z=（S_0-S_u）/S_0\times100\%$$

材料的断后伸长率和断面收缩率越高，其塑性越好。

3. 硬度

（1）定义：材料抵抗局部变形，特别是塑性变形、压痕或划痕的能力。

（2）硬度指标见表 2-1（由试验测定）。

表 2-1　　硬度指标

硬度类型	布氏硬度		洛氏硬度			维氏硬度
符号	HBW	HBS	HRA	HRB	HRC	HV
测头材料	硬质合金	淬火钢	120° 金刚石	硬质合金	120° 金刚石	136° 金刚石
测头形状	球状	球状	圆锥体	球状	圆锥体	正四凌锥

① 布氏硬度 HB。

测量压痕直径计算硬度值。

符号：HBS（测头淬火钢球）。

HBW（测头硬质合金球）。

② 洛氏硬度HR。

测量压痕深度计算硬度值，无单位。

符号：HRA（测头120° 金刚石圆锥体）。

HRB（测头Φ1.588mm硬质合金球）。

HRC（测头120° 金刚石圆锥体）。

③ 维氏硬度HV。

测量压痕对角线长度计算硬度值。

符号：HV（测头136° 正四棱锥体金刚石压头）。

4．冲击韧性

（1）定义：金属材料抵抗冲击载荷作用而不破坏的能力。

（2）冲击韧性指标（用夏比摆锤冲击试验测定）。

冲击吸收功越大，材料冲击韧性a_k越好。

5．疲劳强度

（1）定义：金属材料抵抗交变载荷作用而不破坏的能力。

（2）疲劳强度指标：疲劳极限R_{-1}。

2.2 高考要求分析

考纲要求：了解强度、韧性和硬度的测试方法；能识读相关符号和代号；熟悉金属材料强度、塑性指标的计算；掌握金属材料力学性能衡量指标。

金属的性能这部分内容是《金属材料与热处理》这门课中的关键知识点，这部分的内容直接或间接地渗透到了以后各章节之中，因此金属的性能这部分的知识作为考试内容频繁地出现在近几年来的高考试卷中。

试题主要以选择和填空等形式出现。试卷中涉及的内容有：金属材料性能所包含的内容；金属材料力学性能中的强度、塑性、硬度、冲击韧性和疲劳强度等性能的含义；金属材料塑性指标中断后伸长率（A）和断面收缩率（Z）的计算等。

2.3 高考试题回顾

1．（2004年高考题）金属材料抵抗局部塑性变形的能力称为（　　）。

A．强度　　B．塑性　　C．硬度　　D．冲击韧性

2．（2005年高考题）金属在静载荷作用下，抵抗塑性变形或断裂的能力称为（　　）。

A．强度　　B．塑性　　C．硬度　　D．冲击韧性

3．（2005年高考题）用一个直径为10mm，长为100mm的低碳钢试样，拉断后的标距为140mm，则此试样的伸长率为____________________%。

4.（2006 年高考题）一个标距长度为 100mm 的低碳钢长试样做拉伸实验，试样拉断时断面处的直径为 5.65mm 则试样的断面收缩率为（　　）。

A．32%　　B．68%　　C．8%　　D．92%

5.（2006 年高考题）金属材料的性能主要包括________和________两个方面。

6.（2009 年高考题）断后伸长率和断面收缩率这两个指标中，断面收缩率更能反映变形的真实程度。所以断面收缩率指标更能准确地表达材料的塑性。（　　）。

7.（2009 年高考题）一标准短试样横截面积为 314mm^2，拉断后测得其长度为 120mm，则其伸长率为（　　）。

A．20%　　B．140%　　C．16.7%　　D．以上都不对

8.（2010 年高考题）由于金属材料具有一定的（　　），有利于某些成形工艺、修复工艺、装配的顺利完成。

A．强度　　B．塑性　　C．硬度　　D．韧性

9.（2011 年高考题）当实验力、压头直径一定时，布氏硬度值与（　　）有关。

A．压头类型　　B．压痕直径　　C．硬度标尺　　D．试样形状

10.（2013 年高考题）测定经调质处理后的 40 钢的硬度，宜采用测量值代表性能好的实验方法，这一方法是（　　）。

A．布氏硬度　　B．洛氏硬度　　C．维氏硬度　　D．摆锤冲击

11.（2014 年高考题）硬度实验中，采用 136 度四凌锥金刚石压头的是________硬度。

12.（2015 年高考题）一个标距长度为 100mm 的低碳钢试样，拉伸试验时测得为 5.65mm，为 138mm，则试样的断后伸长率为（　　）。

A．138%　　B．38%　　C．68%　　D．56.5%

13.（2016 年高考题）拉伸试验中，当测力指针不动或小幅回摆时，说明拉伸过程处在的阶段是（　　）。

A．弹性变形　　B．强化　　C．屈服　　D．缩颈

14.（2017 年高考题）用直径为 Φ10mm，长度为 100mm 的碳钢标准试样做拉伸试验，试样拉断后标距长度 L_u 为 116mm，则试样含碳量范围是（　　）。

A．0.0218%～0.25%　　B．0.25%～0.60%　　C．0.60%～2.11%　　D．2.11%～4.3%

15.（2018 年高考题）通过拉伸试验可以测定金属材料力学性能指标的是（　　）。

A．强度和硬度　　B．强度和韧性　　C．强度和塑性　　D．塑性和韧性

16.（2018 年高考题）强化金属材料的手段有________、________和热处理。

2.4　典型例题解析

【例 1】布氏硬度是根据压头压入被测定材料的压痕________计算出硬度值的。

【解析】布氏硬度值的测试原理是测量被测材料表面压痕直径来计算硬度值的。

【答案】直径

【例 2】金属材料抵抗冲击载荷作用而不破坏的能力成为（　　）。

A．强度　　B．塑性　　C．硬度　　D．冲击韧性

【解析】强度：金属在静载荷作用下，抵抗塑性变形或断裂的能力。

塑性：断裂前金属材料产生永久变形的能力。

硬度：材料抵抗局部变形，特别是塑性变形、压痕或划痕的能力。

冲击韧性：金属材料抵抗冲击载荷作用而不破坏的能力。

【答案】D

【例3】有一低碳钢长试样，其标距长度为100mm，当拉伸力达到21kN时试样产生屈服现象。拉伸力加到29kN，试样产生缩颈现象，然后拉断。拉断后标距长度为138mm，断裂处直径为5.65mm，求试样的R_m、R_{el}、A和Z。

【解析】解题时根据已知条件，运用强度和塑性指标计算公式求解。

注意点：（1）学会分析题中隐含条件：长试样：$L_0=10d_0$，从中求出d_0=10mm；

（2）熟悉题中各符号与对应的含义：屈服强度R_{el}、抗拉强度R_m、断后伸长率A、断面收缩率Z；

（3）能正确运用相关公式进行计算。

【解答】

（1）计算S_0、S_u。

由题意知：长试样：$L_0=10d_0$，求出d_0=10mm

$S_0=\pi d_0^2/4$　　　　$S_0=3.14\times10^2/4=78.5$（$mm^2$）

$S_u=\pi d_u^2/4$　　　　$S_u=3.14\times5.65^2/4=25.1$（$mm^2$）

（2）计算R_{el}、R_m。

$R_{el}=F_{el}/S_0$　　　　$R_{el}=21\times10^3/78.5=267.5$（MPa）

$R_m=F_m/S_0$　　　　$F_m=29\times10^3/78.5=369.4$（MPa）

（3）计算A及Z。

$A=(L_u-L_0)/L_0\times100\%$　　　　$A=(138-100)/100\times100\%=38\%$

$Z=(S_0-S_u)/S_0\times100\%$　　　　$Z=(78.5-25.1)/78.5\times100\%=68\%$

答：该试样的屈服强度为267.5Mpa，抗拉强度为369.4Mpa，断后伸长率为38%，端面收缩率为68%。

2.5　高考模式训练A

一、单项选择题（共5小题，每小题3分，共15分）

1．不属于金属材料使用性能的是________。

A．物理性能　　B．化学性能　　C．力学性能　　D．工艺性能

2．零件使用中，不属于机械零件损坏的是________。

A．断裂　　B．表面形状变化　　C．弹性变形　　D．塑性变形

3．属于磨损形式损坏的是________。

A．螺栓弯曲　　B．齿轮轮齿折断

C．传动轴开裂　　D．零件表面质量变差

4．下列属于静载荷的是________。

A．做拉伸实验时的拉力　　B．锻工件的锤击力

C．冲压垫片的冲压力　　D．匀速圆周运动产生的振动力

5．应力的标准单位是________。

A．帕　　B．兆帕　　C．帕斯卡　　D．牛顿

二、填空题（每空 1 分，共 7 分）

1．金属发生弹性变形后的组织和____________将不发生变化。

2．从材料结构来看，金属材料都是________晶体。晶界越多，则晶体的塑形变抗力__________。金属材料的使用或加工过程中，其强度、硬度提高，而塑性、韧性下降的现象称为___________。

3．细晶粒的多晶体不仅强度___________，而且塑性和韧性也___________，故生产中尽可能地__________。

三、分析题（每空 1 分，共 8 分）

图 2-1（a）～图 2-1（e）为载荷作用后的变形图，图 2-1（f）为自行车，回答以下问题。

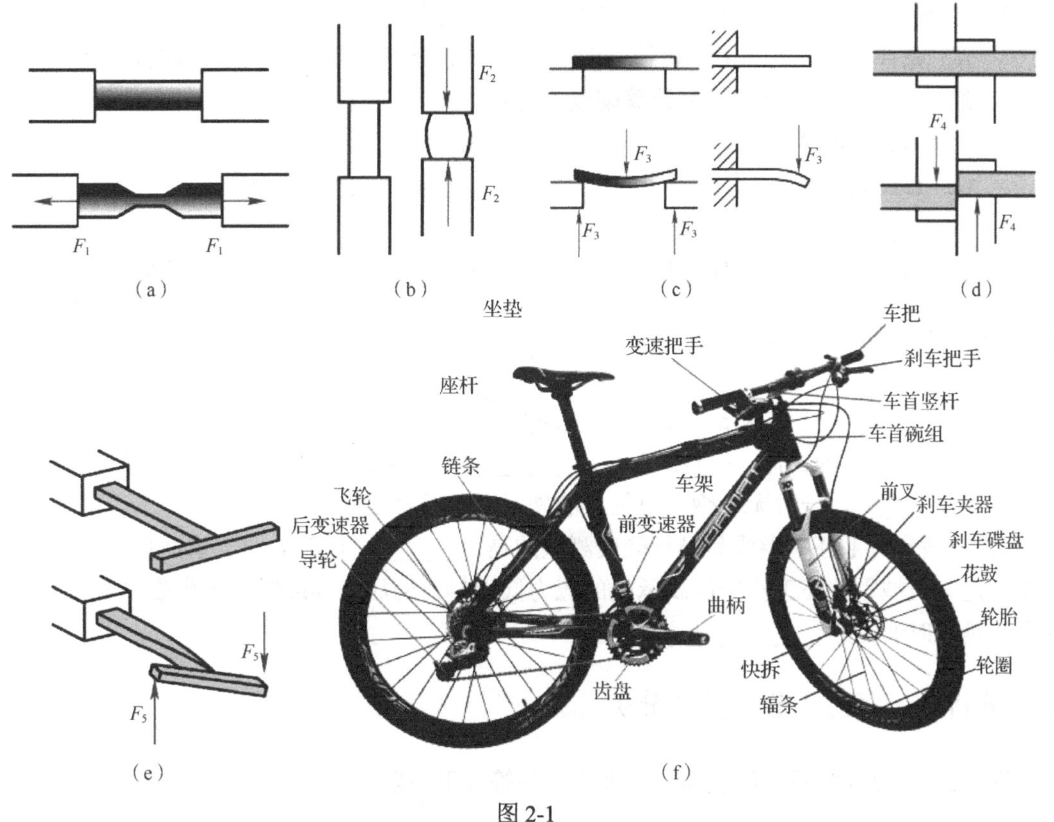

图 2-1

1．图2-1（a）中 F_1 载荷是____________载荷，图2-1（f）中____________零件所受载荷与 F_1 载荷一样。

2．图2-1（b）中 F_2 载荷是____________载荷，图2-1（f）中____________零件所受载荷与 F_2 载荷一样。

3．图2-1（c）中 F_3 载荷是____________载荷，图2-1（f）中____________零件所受载荷与 F_3 载荷一样。

4．图2-1（d）中 F_4 载荷是____________载荷。

5．图2-1（e）中 F_5 载荷是____________载荷。

2.6　高考模式训练B

一、单项选择题（共5小题，每小题3分，共15分）

1．不属于使金属材料强度提高的工艺方法是________。

A．固溶强化　　B．形变强化

C．退火热处理　　D．对零件表面喷丸

2．通常以________代表钢材的强度指标。

A．抗压强度　　B．抗扭强度　　C．抗拉强度　　D．抗弯强度

3．金属材料发生塑性变形而力不增加的应力点称为________。

A．条件屈服强度　　B．抗拉强度　　C．抗弯强度　　D．屈服强度

4．通过测量表面压痕直径来计算硬度值的是________。

A．洛氏硬度A标尺　　B．维氏硬度

C．布氏硬度　　D．洛氏硬度C标尺

5．以 $R_{P0.2}$ 表示屈服强度的是________。

A．低碳钢　　B．铸钢　　C．铸铁　　D．低碳合金钢

二、填空题（每空1分，共7分）

1．硬度越高，材料的耐磨性越____________。

2．做拉伸实验的试样，k=11.3时，L_0=______d_0；低碳钢力-伸长曲线中，最高点对应的应力称为________。一种无量纲（单位）的硬度表示符号是__________。

3．只适宜对毛坯和半成品进行硬度测量的是_______ 。材料的冲击韧性是用_______实验来测定。机械零件在工作中所属承受的应力低于材料的屈服强度时，产生裂纹或突然断裂的原因是长时间受到____________作用。

三、分析题（每空1分，共8分）

图2-2、图2-3为两种硬度实验原理图，回答以下问题。

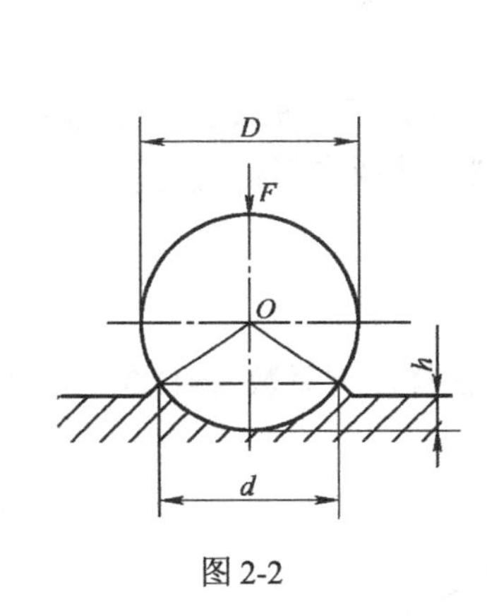

图 2-2

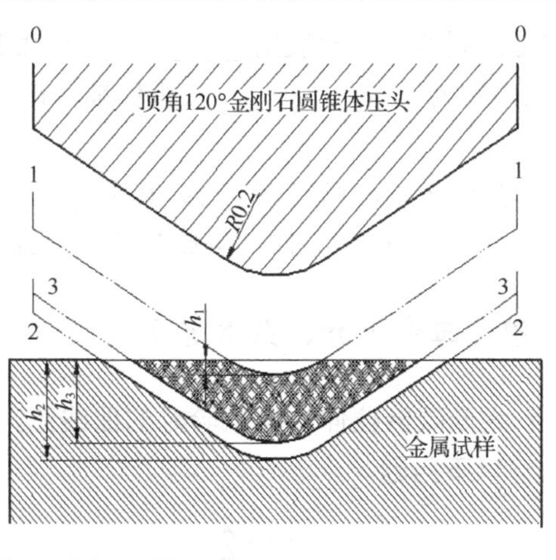

图 2-3

1．图 2-2 是____________硬度实验原理图，图 2-3 是____________硬度实验原理图。

2．图 2-2 计算硬度时需要测量________的数值，图 2-3 计算硬度时需要测量______和____的数值。

3．图 2-1 中若测头为淬火钢球，*F* 为 1000 千克力、*D* 为 15mm、*F* 作用时间为 35s，硬度值为 235，则硬度符号表示为________________。

4．图 2-3 中若 C 标尺测得 h_1 为 3.982mm，h_2 为 4.217mm，h_3 为 4.118mm，则试样的硬度值为_______，硬度符号表示为_____________。

2.7　高考模式训练 C

一、单项选择题（共 5 小题，每小题 3 分，共 15 分）

1．做拉伸实验时所加载荷是_______。

A．交变载荷　B．冲击载荷　C．静载荷　D．压缩载荷

2．不属于低碳钢的力伸长曲线特征的是_______。

A．弹性变形现象　B．屈服现象　C．缩颈现象　D．磨损现象

3．硬度测量时测头材料为淬火钢球的是_______。

A．HRC　B．HBW　C．HRB　D．HBS

4．零件失效前没有明显预兆的是_______。

A．疲劳破坏　B．裂纹开裂　C．尺寸减小　D．表面变粗糙

5．通过拉伸实验测定金属材料的力学性能是_______。

A．硬度　B．塑性　C．冲击韧性　D．疲劳强度

二、填空题（每空 1 分，共 7 分）

1．金属材料力学性能是在____________作用下表现出来的性能。

2．在金属材料中，一般用__________代表其屈服强度；金属材料在断裂前所能承受的最大力的应力称为____________。机件都是在__________状态下工作，不允许有微小的塑性变形。

3．常用的洛氏硬度标尺有三种，其中__________使用最广。冲击吸收能量越大，说明材料的_________。机械零件产生疲劳破坏的原因是材料表面或内部有____________。

三、分析题（每空 1 分，共 8 分）

图 2-4 为低碳钢拉伸试样试验时的曲线图，已知，试样比例系数 k=11.3，原始直径为 10mm。回答以下问题。

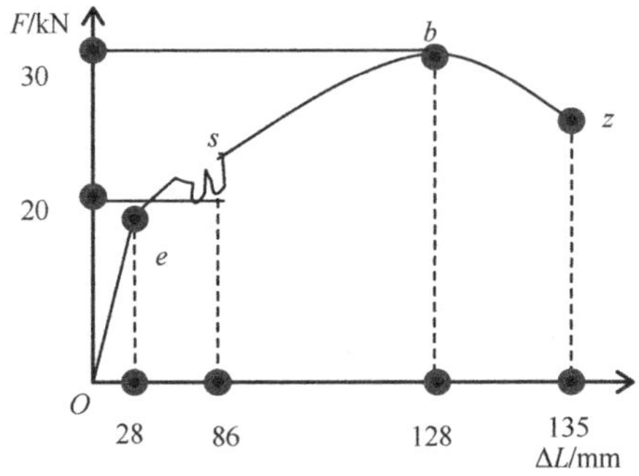

图 2-4

1．图 2-4 中 *oe* 段为__________阶段，试样弹性变形最大伸长值为______________。

2．图 2-4 中 *es* 段为__________阶段，试样下屈服强度值为___________________。

3．图 2-4 中 *sb* 段为__________阶段，试样的抗拉强度值为 __________________。

4．图 2-4 中 *bz* 段为__________阶段，试样的断后伸长率值为_________________。

2.8　高考模式训练 D

一、单项选择题（共 5 小题，每小题 3 分，共 15 分）

1．下列不属于金属材料工艺性能的是________。

A．力学性能　　B．热处理　　C．切削加工性能　　D．锻压性能

2．铸造性能不取决于金属的________。

A．流动性　　B．塑性　　C．收缩性　　D．偏析倾向

3．综合衡量金属材料锻压性能指标的是________。

A．强度和硬度　　B．塑性和韧性

C．塑性和变形抗力　　D．强度和塑性

4．对碳钢和低合金钢而言，焊接性能主要与其化学成分有关，影响焊接性最大的是________。

A．含碳量　　B．含锰量　　C．含铬量　　D．含钨量

5．下列金属材料切削加工性最好的是________。

A．低碳钢　　B．灰铸铁　　C．不锈钢　　D．高碳钢

二、填空题（每空 1 分，共 7 分）

1．工艺性能直接影响零件制造的工艺、_________及成本，是选材和制定零件工艺路线时必须考虑的重要因素。

2．影响金属液流动性的因素主要是化学成分和浇注的_________。合金钢中，合金元素的种类和含量越多，锻压性能越_________。在一定的焊接工艺条件下，获得优质焊接接头的难易程度称为_________。

3．影响切削加工性能的因素有_________、切削抗力的大小、断屑能力、刀具的耐用度及切削加工后表面的粗糙度。碳钢热处理后变形程度与_________有关。碳钢比合金钢的热处理变形开裂倾向_________。

三、分析题（每空 1 分，共 8 分）

图 2-5 为金属材料的一般加工工艺路线。回答以下问题。

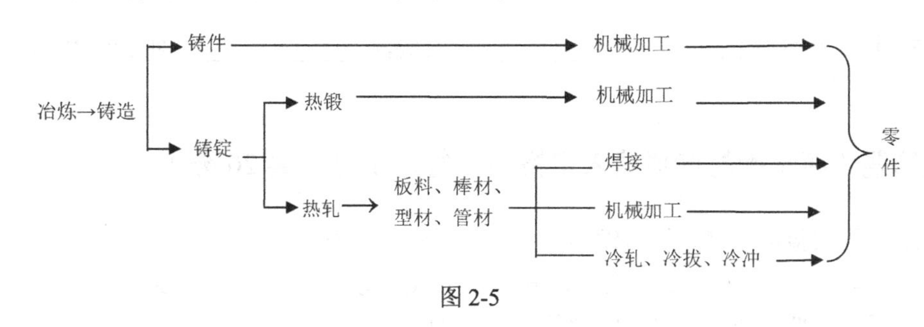

图 2-5

1．图 2-5 中零件的毛坯生产可以通过___________、___________及热轧生产。

2．生产中制造铸件的材料一般为___________，在切削加工时一般______需要使用切削液。

3．在热锻前钢一般加热获得___________组织，其组织性能是 ___________________。

4．列举两种机械加工的方法_______________、_______________。

2.9 测试A

（满分100分，时间90分钟）

一、填空题（每空1分，共20分）

1．金属材料的损坏包括_____________、_______________和_______________三种。

2．金属材料的力学性能是指金属材料在___________作用下所表现出来的性能。其主要指标是_____________、____________、_____________、____________和______________等。其中________________________和_______________________是通过拉伸试验测定的。

3．有一低碳钢试样其横截面积为100mm²，已知R_{el}=314MPa，R_m=530MPa。拉伸试验时，当受到拉力为__________________时试样出现屈服现象，当受到拉力为_____________时试样出现缩颈现象。

4．金属在_____________作用下经受_____________而不______________的最大应力值称为金属的疲劳强度。一般规定黑色金属的应力循环周次为__________________，有色金属为_______________。

5．常用的硬度试验方法有_______________实验法、_____________实验法和韦氏实验法三种。

二、选择题（将正确的选项填入空格中，每题1分，共20分）

1．用拉伸试验可以测定低碳钢的________的性能指标。

A．强度　　B．疲劳强度　　C．硬度　　D．冲击韧性

2．金属材料抵抗塑性变形或断裂的能力称为________。

A．疲劳强度　　B．塑性　　C．硬度　　D．强度

3．洛氏硬度C标尺所用的压头是________。

A．淬火钢球　　B．120°金刚石圆锥体

C．硬质合金球　　D．136°金刚石正四棱锥体

4．用测量压痕对角线长度来计算硬度值的方法是________试验方法。

A．布氏硬度　　B．洛氏硬度　　C．维氏硬度　　D．以上都不是

5．做疲劳实验时，试样受到的载荷为________。

A．静载荷　　B．冲击载荷　　C．交变载荷　　D．拉伸载荷

6．拉伸试验时，试样拉断前所能承受的最大应力称为材料的________。

A．抗拉强度　　B．疲劳强度　　C．硬度　　D．冲击韧性

7．低碳钢做拉伸实验时，其加工硬化现象发生在________阶段。

A．弹性变形　　B．屈服　　C．强化　　D．缩颈

8．做一次摆锤冲击弯曲试验时，试样承受的载荷为________。

A．静载荷　　B．冲击载荷　　C．交变载荷　　D．拉伸载荷

9．布氏硬度 HBS 测头材料是________。

A．淬火钢球　　B．120° 金刚石圆锥体

C．硬质合金球　　D．136° 金刚石正四棱锥体

10．用测量压痕深度来计算硬度值的方法是________试验方法。

A．布氏硬度　　B．洛氏硬度　　C．维氏硬度　　D．冲击韧性

11．应力的单位是________。

A．牛顿　　B．千克　　C．克　　D．帕斯卡

12．金属材料受力后在断裂之前产生塑性变形的能力称为________。

A．强度　　B．塑性　　C．硬度　　D．疲劳强度

13．一个标距长度为 100mm 的低碳钢长试样做拉伸实验，试样拉断时断面处的直径为 5.65mm 试样的端面收缩率为________。

A．32%　　B．68%　　C．8%　　D．92%

14．表示疲劳强度符号是________。

A．R_{-1}　　B．$R_{p0.2}$　　C．R_{el}　　D．R_m

15．布氏硬度 220HBW10/1000/30 符号中，所加载荷时间为________秒。

A．10　　B．2200　　C．1000　　D．30

16．洛氏硬度 HRA 可以测定________的硬度。

A．一般淬火钢　　B．退火钢　　C．软刚　　D．硬质合金

17．引起铸件化学成分和组织不均匀的因素是________。

A．收缩性　　B．流动性　　C．偏析　　D．内应力

18．标准拉伸比例试样的比例系数 K 值为 5.56 时，标距长度为直径的________倍。

A．10　　B．20　　C．5　　D．6

19．拉伸试验时，拉力不增加而变形继续增加的现象称为________。

A．弹性变形　　B．屈服　　C．强化　　D．缩颈

20．以下性能指标无单位的是________。

A．布氏硬度　　B．洛氏硬度　　C．维氏硬度　　D．冲击韧性

三、选择填空题（将正确的内容填入空格中，每题 1 分，共 20 分）

1．做布氏硬度实验，当载荷、压头直径实验条件相同时，压痕的直径越小，则金属的硬度越______（高、低）。

2．金属材料的断后伸长率数值越大，表明其塑性越_______（好、差）。

3．表面渗碳热处理后的零件常用_______（布氏、洛氏）硬度法测定其硬度。

4．布氏硬度值_______（无、有）单位。

5．铸铁与低碳钢不一样，在做拉伸试验时_______（不会、会）产生屈服现象。

6．拉伸试验可以测定材料的_______（强度和塑性、硬度和韧性）指标。

7．布氏硬度______（可以、不宜）测定成品及较薄零件。

8．相同规格的试样冲击韧度值越大，表示材料的冲击韧性越________（差、好）。

9．焊接性能主要与金属材料的化学成分有关，尤其是______（碳、锰）的影响最大。

10．金属材料的屈服强度越低，则允许工作的应力越_______（高、低）。

11．金属材料的断面收缩率值越小，表示材料的塑性越_______（好、差）。

12．零件在外力作用下发生______（弯曲、开裂）或折断称为断裂。

13．______（弹性、塑性）变形可以作为零件成形和强化的重要手段。

14．金属材料都是_______（多、单）晶体。

15．细晶粒的多晶体材料强度较高，塑性和韧性________（高、低）。

16．日常生活中的许多金属构件，都是通过_____（形变、固溶）强化来提高性能，如汽车、洗衣机、箱体等的外壳。

17．_______（弹性、塑性）变形除了影响力学性能外，还会使金属材料的物理、化学性能发生变化。

18．汽车、拖拉机等内燃机的连杆在工作时受到的载荷属于______（静、冲击）载荷。

19．金属材料发生加工硬化_________（总是、有时是）有益的。

20．疲劳失效与静载荷下的失效不同，前者断裂前_______（没有、有）明显的塑性变形。

四、综合题（本题共四小题，共 40 分）

1．（13 分）图 2-6 为低碳钢拉伸试验时的曲线，回答以下问题。

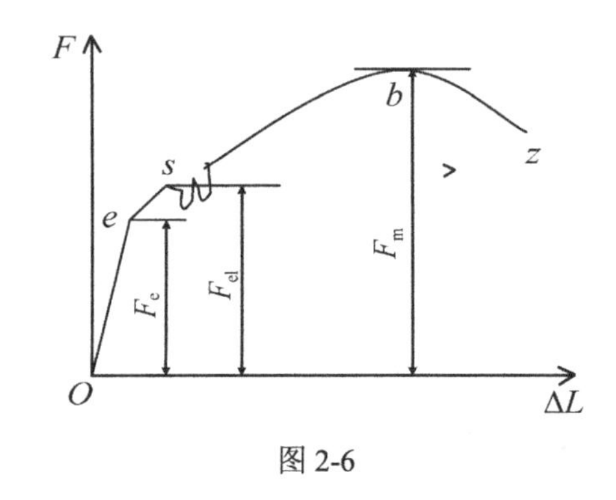

图 2-6

（1）图 2-6 中 *oe* 为___________阶段，变形特征为____________，F_e为试样能恢复到原始形状和尺寸的_______________。

（2）图 2-6 中 *es* 为___________阶段，试样产生__________变形，出现______________现象。F_{el}为_____________。

（3）图 2-6 中 *sb* 为__________阶段，试样_________变形增大，出现_______________现象。F_m为试样拉伸试验时________________。

（4）图 2-6 中 *bz* 为___________阶段，试样发生____________现象。

2．（12 分）某厂购进一批 40 钢材，按国家标准规定，其力学性能指标应不低于下列数值：R_{el}=340MPa，R_m=540 MPa，A=19%，Z=45%。验收时，用该材料制成 $d_0=1\times10^{-2}$m 的短试样做拉伸试验：但载荷达到 28260N 时，试样产生屈服现象；载荷加到 45530N 时，试样发生缩颈现象，然后被拉断。拉断后标距长为 6.05×10^{-2}m，断裂处直径为 7.3×10^{-3}m。试计算这批钢材是否合格。

3.（8 分）何为金属的工艺性能？简述金属的工艺性能包括那些方面？

4.（7 分）做拉伸试验的主要目的是什么？所需的实验设备有哪些？

2.10 测试B

（满分100分，时间90分钟）

一、填空题（每空1分，共20分）

1．造成零件损坏的变形通常是指________________。

2．工业上使用的大部分金属产品，一般都是先______________后，在经过压力加工制成的。

3．大小不变或变化过程缓慢的载荷称为_____________。

4．根据载荷作用形式不同，载荷可以分为______________、___________、压缩载荷、剪切载荷和扭转载荷。

5．金属在外部载荷作用下，首先发生___________变形，载荷继续增加到一定值后，还会发生_______变形。

6．塑性变形后金属的____________和_____________发生变化。

7．晶界越多，则晶体的塑性变形抗力_______________。

8．冷塑性变形除了使晶粒的外形发生变化，还会使晶粒内部的位错密度增加，使晶格_____加剧。

9．对于不能用热处理进行强化的金属，通常还可以用_________________手段进行强化。

10．生产中消除加工硬化的方法是进行_____________________。

11．代表材料的屈服强度指标通常用____________________。

12．要求材料的耐磨性越好，则材料的________________越高。

13．低碳钢的 R_m≈____________HBW。

14．符号 $R_{p0.2}$ 的名称是_________________________。

15．机械零件产生疲劳破坏的原因是材料表面或内部有__________________。

16．影响金属液体流动性的主要因素是______________和浇注的工艺条件。

17．常用塑性和变形抗力两个指标来综合衡量材料的______________。

二、选择题（将正确的选项填入空格中，每题1分，共20分）

1．大小、方向或大小和方向都随时间发生周期性变化的载荷是________。

A．静载荷　B．冲击载荷　C．交变载荷　D．拉伸载荷

2．汽车传动轴在工作过程中所受到的载荷是________。

A．弯曲载荷　B．压缩载荷　C．拉伸载荷　D．扭转载荷

3．一定体积内的金属材料晶粒越多，晶界就越多，则金属材料的塑性________。

A．越差　B．越好　C．可能好　D．可能差

4．许多日常生活金属制品表面常常进行拉毛或采取压印花纹等处理，其目的是_______。

A．变形强化，增加硬度，使产品耐用　　B．仅仅为增加产品美观

C．细化晶粒，增加强度　　D．节省材料

5．只适宜对毛坯和半成品进行硬度测试的是________。

A．布氏硬度　　B．洛氏硬度　　C．维氏硬度　　D．冲击试验

6．HRA 测头材料是________。

A．淬火钢　　B．硬质合金　　C．金刚石　　D．高速钢

7．下列机械零件在工作过程中，发生的断裂属于疲劳断裂的是________。

A．齿轮轮齿　　B．起重吊钩　　C．螺栓拉断　　D．冲击试样断裂

8．符号 A11.3 是________的符号。

A．抗拉强度　　B．屈服强度　　C．塑性　　D．断后伸长率

9．用洛氏硬度测量材料硬度常用的硬度试验机的型号是________。

A．HR-200　　B．150HR　　C．HR-150　　D．200HR

10．家用吊扇的金属叶片表面在中央部位有压痕印槽，这是主要为了提高叶片的________。

A．强度　　B．硬度　　C．塑性　　D．韧性

11．在拉伸试验时，当测力指针不动或回摆说明材料出现________。

A．屈服　　B．强化　　C．弹性变形　　D．缩颈

12．在机械零件设计时作为选用金属材料的主要依据是________。

A．疲劳强度　　B．屈服强度　　C．塑性　　D．冲击韧性

13．洛氏硬度试验时所加预载荷大小为________ N。

A．1373　　B．1471.7　　C．98.7　　D．198.7

14．做布氏硬度试验时，常使用的是放大倍数为________的读数显微镜。

A．20×　　B．30×　　C．40×　　D．50×

15．金属材料在加工和制造过程中，为了消除加工硬化，降低硬度可进行________处理。

A．再结晶退火　　B．时效　　C．淬火　　D．回火

16．使用的铅笔上标有“HB”字样，表示铅笔芯的________。

A．维氏硬度　　B．洛氏硬度　　C．布氏硬度　　D．冲击试验

17．发生疲劳破坏时的应力值________材料的抗拉强度值。

A．小于　　B．大于　　C．等于　　D．大于等于

18．影响钢铁材料焊接性能的最主要因素是________含量。

A．硅元素　　B．硫元素　　C．磷元素　　D．碳元素

19．影响金属材料切削加工性最主要因素是材料的________。

A．断后伸长率　　B．硬度　　C．疲劳强度　　D．冲击韧性

20．洛氏硬度试验时载荷顺序是________。

A．加主载—加预载—卸预载—卸主载　　B．加预载—卸主载—卸预载—加主载

C．加预载—加主载—卸主载—卸预载　　D．加主载—加预载—卸主载—卸预载

三、选择填空题（将正确的内容填入空格中，每题1分，共20分）

1. 配套的螺母、螺栓，螺母旋不上螺栓，零件失效属于______（变形、磨损）。

2. 机械零件发生_______（弹性、塑性）变形是绝对不允许的。

3. 金属材料的滑移是借助________（位错、晶界）的移动来实现。

4. 塑性变形后金属的组织发生变化而性能_____（也、不）发生变化。

5. 金属材料在发生变形时所产生的_____（内应力、阻力），是由于受到晶粒周围不同晶粒与晶界的影响作用下形成的。

6. 晶界处原子排列比较紊乱，阻碍位错的移动，使材料的塑性变形抗力____（减小、增大）。

7. 形变强化可以使金属具有____（偶然、长期）抗超载的能力。

8. 塑性变形除了影响力学性能外，还会使金属的电阻增加、耐蚀性______（提高、降低）。

9. 拉伸试验时优先选用K=11.3的_____（长、短）试样。

10. 除低碳钢、中碳钢及少数合金钢有屈服现象外，大多数金属材料没有明显的_____（弹性变形、屈服）现象。

11. 在_______（布氏、洛氏）硬度表示中，当载荷保持时间为10～15秒时可以不标注。

12. 采用各种表面强化方法如表面淬火、喷丸、渗、镀等，___（都、不）能提高零件的疲劳强度。

13. 金属材料的收缩性过_____（大、小）会影响尺寸精度，在铸件内部产生气孔、缩孔、疏松、内应力、变形和开裂等缺陷。

14. 锻造性能好的金属材料其塑性好，变形抗力也_____（大、小）。

15. 做拉伸试验开机时，首先调整平衡砣，并将测力指针调整到______（初始载荷、零）值。

16. 洛氏硬度试验卸主载荷时，应_______（顺、逆）时针扳回操作手柄到卸荷位置。

17. 做________（布氏、洛氏）硬度实验时，只要满足F/D^2值为一常数，且压痕直径控制在0.24～0.6D，即可得到统一、可以相互比较的硬度值。

18. 测头材料是120°金刚石圆锥体的是_______（HRB、HRC）符号。

19. 低碳钢拉伸试验发生屈服现象结束后，指针将______（下降、上升）转动。

20. 拉伸试样拉断后需要测量_____（一端、两端）断口处的直径。

四、综合题（本题共4小题，共40分）

1.（10分）在一起交通事故调查中发现，一辆长途公共汽车的后桥（后轴）断裂造成了严重的伤亡事故，事故前汽车并未超载、超员。请运用所学知识解释造成事故的原因。并说明现实生活中是如何防范这类事故的发生。

2．（10 分）简述拉伸试验的主要步骤。

3．（8 分）简述洛氏硬度试验时的注意事项。

4．（12 分）填写机械零件常见的损坏形式。

分类	举例	造成损坏原因
变形		
断裂		
磨损		

2.11 测试C

（满分100分，时间90分钟）

一、填空题（每空格1分，共20分）

1．机械零件在使用中常见的损坏形式有变形、____________和____________等。

2．根据载荷作用性质的不同，载荷分为静载荷、冲击载荷和______________________三种。

3．应力的单位是__________________，与压强单位是一致的。

4．晶界越多，则晶体的塑性变形抗力越______________。

5．金属材料的力学性能指标包括强度、硬度、塑性、____________和____________等。

6．金属在静载荷作用下，抵抗塑性变形或____________的能力称为强度。强度大小用________表示。

7．在金属材料中，一般用______________代表其屈服强度。

8．材料受力后在断裂之前产生塑性变形的能力称为____________。

9．材料抵抗局部变形，特别是_______________、压痕或划痕的能力称为硬度。

10．通常的硬度实验法有________________、_______________和______________。

11．硬度越高，材料的______________性越好。

12．金属材料抵抗冲击载荷作用而不破坏的能力称为_______________。测定其值是用实验来测定的。

13．金属材料抵抗交变载荷作用而不产生破坏的能力称为________________。

14．________________直接影响零件制造的工艺、质量及成本，是选材和制定工艺路线时必须要考虑的重要因素。

15．铸造性能主要取决于金属液体的___________、收缩性和偏析倾向等。

二、选择题（将正确的选项填入空格中，每题1分，共20分）

1．零件在外力作用下形状和尺寸发生的改变称为________。

A．强度　B．塑性　C．硬度　D．变形

2．短时间内以较高速度作用于零件上的载荷为________。

A．交变载荷　B．静载荷　C．冲击载荷　D．特变载荷

3．汽车驾驶员转动方向盘时，方向盘下的金属杆将受到________作用。

A．拉伸载荷　B．压缩载荷　C．弯曲载荷　D．扭转载荷

4．金属在外载荷作用下，首先发生________。

A．塑性变形　B．弹性变形　C．弹-塑变形　D．永久变形

5．R_{el}是材料的________指标。

A．抗拉强度　B．断后伸长率　C．上屈服强度　D．下屈服强度

6．在拉伸试验中，所用载荷是________。
A．交变载荷　B．静载荷　C．冲击载荷　D．特变载荷
7．在 170HBW10/1000/30 符号中，测头的直径是________ mm。
A．170　B．10　C．1000　D．30
8．HRC 硬度标尺的压头形状是________。
A．圆锥体　B．球体　C．正四面体　D．菱形
9．布氏硬度实验法测定材料硬度时，只要测量压痕的________。
A．对角线长度　B．深度　C．直径　D．边长
10．在机械零件的失效中，大约有 80%以上是属于________破坏。
A．拉断　B．剪切　C．疲劳　D．弯曲
11．下列金属材料中液态时流动性最好的是________。
A．灰铸铁　B．铝合金　C．铸钢　D．铸铜
12．下列金属材料在其他条件相同时焊接性最好的是________。
A．灰铸铁　B．球墨铸铁　C．高碳钢　D．低碳钢
13．通常用________代表强度指标。
A．屈服强度　B．抗拉强度　C．疲劳强度　D．冲击韧性
14．机械零件只能工作在________阶段。
A．弹性变形　B．屈服阶段　C．强化阶段　D．缩颈阶段
15．常用来测定铸铁、有色金属及退火、正火、调质处理后的软钢硬度是________。
A．HV　B．HRA　C．HBW　D．HRC
16．在拉伸试验时，当测力指针不动或回摆，说明材料出现________现象。
A．强化　B．缩颈　C．屈服　D．拉断
17．金属材料的断后伸长率和断面收缩率越高，则材料的________。
A．塑性越好　B．强度越高　C．硬度越高　D．冲击韧性越好
18．测定有色金属的布氏硬度时，所加载荷时间一般在________秒。
A．20～30　B．30～40　C．40～50　D．10～15
19．表示抗拉强度符号是________。
A．R_{-1}　B．$R_{p0.2}$　C．R_{el}　D．R_m
20．硬度值具有连续性，可以测定很软到很硬的金属材料硬度是________。
A．布氏硬度　B．洛氏硬度　C．维氏硬度　D．马氏体硬度

三、选择填空题（将正确的内容填入空格中，每题 1 分，共 15 分）

1．金属材料的_______（强度、塑性）性能指标是机械零件设计中选材的主要依据。
2．造成零件损坏的变形通常是_______（弹性、塑性）变形。
3．磨损就是_____（变形、摩擦）使零件尺寸、表面形状和表面质量发生变化的现象。
4．通过轧制、挤压等可以改变材料的______（性能、成分）与内部组织。
5．金属材料所受的内力与外力________（是、不是）作用力与反作用力。

6．金属材料发生弹性变形后，其内部组织与性能______（不发生、发生）变化。

7．普通金属材料_____（是、不是）由多晶体组成。

8．晶界处原子排列比较_______（规则、紊乱），阻碍位错的移动，因而阻碍了滑移。

9．对金属零件表面喷丸_____（属于、不属于）形变强化。

10．屈服强度是工程技术中重要的________（力学、工艺）性能指标之一。

11．塑性非常好的材料，_______（越易、不易）于切削加工。

12．维氏硬度在实验时测量压痕的_____（深度、对角线长度）。

13．机械零件产生疲劳破坏的原因是受到______（冲击、交变）载荷作用。

14．影响金属液体流动性的主要因素是____（化学成分、振动处理）及浇注的工艺条件。

15．铸造时壁厚越大，越______（容易、不容易）发生偏析现象。

四、综合题（本题共 4 小题，共 45 分）

1．（8 分）简述金属的塑性变形受哪些因素影响？

2．（10 分）何谓加工硬化（形变强化）？简述金属材料的冷塑性变形时产生加工硬化（变形强化）的利弊。

3．（6 分）填表。以下是常用三种洛氏硬度标尺的实验条件有和使用范围。

硬度标尺	压头类型	总实验力/N	硬度值范围	应用举例
HRC		1471.0	20～67HRC	
HRB		980.7	24～100HRB	
HRA		588.4	60～85HRA	

4．（21 分）图 2-7 是一种塑性材料的力——伸长曲线，回答问题。

（1）解释曲线上几个变形阶段。（4 分）

（2）起重机的吊臂上以及工厂行车上标有“限载 15t”字样，请解释含义。（2 分）

（3）若使用时超过此值会有什么问题出现。（4 分）

（4）为何交通运输车辆、机器机械设备等需要定期进行保养检修？交通运输车辆必须进行年检？（6分）

（5）请问铸铁的拉伸实验会有类似的曲线吗？为何？如何确定脆性材料的屈服强度？（5分）

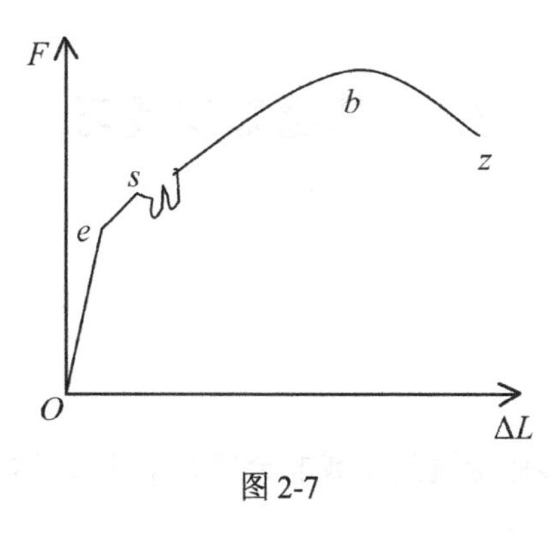

图2-7

第三章　铁碳合金

3.1　基础知识复习

一、合金组织

1．合金

合金是一种金属元素与其他金属元素或非金属元素通过熔炼或其他方法结合而成的具有金属特性的材料，如图 3-1 所示。

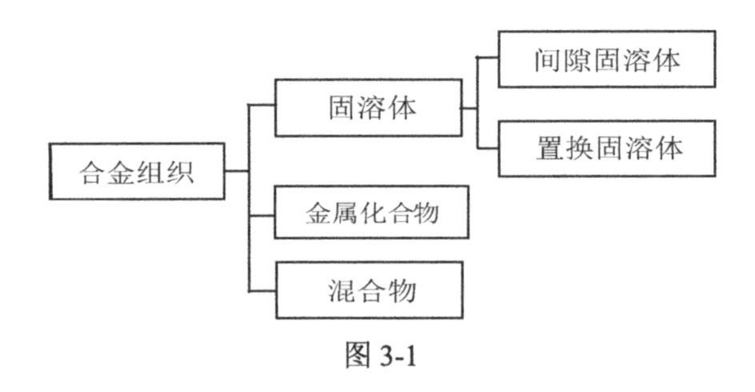

图 3-1

2．组元（或元）

组元是组成合金的最基本独立物质。

3．相

相是在合金中成分、结构及性能相同的组成部分。

二、铁碳合金的相及组织

铁碳合金基本组织的性能及特点见表 3-1。

表 3-1　铁碳合金基本组织的性能及特点

组织名称	铁素体	奥氏体	渗碳体	珠光体	莱氏体	低温莱氏体
符号	F	A	Fe_3C	P	Ld	L'd
晶格类型或显微组织	体心立方晶格	面心立方晶格	复杂斜方晶格	片层相间	/	细颗粒或片层相间
存在温度（℃）	室温～912	727 以上	室温～1227	室温～727	727～1148	室温～727
含碳量（%）	0～0.0218	0.77～2.11	6.69	0.77	4.3	4.3

续表

组织名称	铁素体	奥氏体	渗碳体	珠光体	莱氏体	低温莱氏体
常温性能	类似于纯铁，良好的塑性和韧性，强度和硬度较低	/	高熔点、高硬度、高脆性，塑性和韧性为零	具有较好的综合力学性能。有一定塑性，强度和硬度较高	/	性能接近渗碳体，硬度很高，塑性很差
高温性能	/	强度、硬度不高，良好的塑性，锻压性能良好	/	/	性能接近渗碳体，硬度很高，塑性很差	/
形成特点	间隙固溶体	间隙固溶体	金属化合物	混合物（$F+Fe_3C$）	混合物（$F+Fe_3C$）	混合物（$P+Fe_3C$）

1．铁素体（符号 F）

（1）含义：碳溶解在 α-Fe 中形成的间隙固溶体。

（2）力学性能：良好的塑性和韧性，强度和硬度较低。

2．奥氏体（符号 A）

（1）碳溶解在 γ-Fe 中形成的间隙固溶体。

（2）力学性能：强度和硬度不高，塑性良好。

3．渗碳体（符号 Fe_3C）

（1）含义：含碳量为 6.69%的铁与碳的金属化合物。

（2）力学性能：硬度高、熔点高、脆性大。

4．珠光体[符号 P 或（$F+Fe_3C$）]

（1）含义：在 727℃以下存在的含碳量为 0.77%的铁碳合金。或铁素体与渗碳体的混合物。

（2）力学性能：强度较高，硬度适中，有一定的塑性。

5．莱氏体[低温莱氏体（L'd），高温莱氏体 Ld]

（1）含义：低温氏体是珠光体与渗碳体的混合物。高温莱氏体是奥氏体与渗碳体的混合物。

（2）力学性能：硬度很高，塑性很差。

三、铁碳合金相图（简化）

（1）铁碳合金相图：表示在缓慢冷却条件下，不同成分的铁碳合金状态或组织随温度变化的图形。简化的铁碳合金（$Fe-Fe_3C$）相图如图 3-2 所示，图中纵坐标为温度，横坐标为含碳量的质量分数。

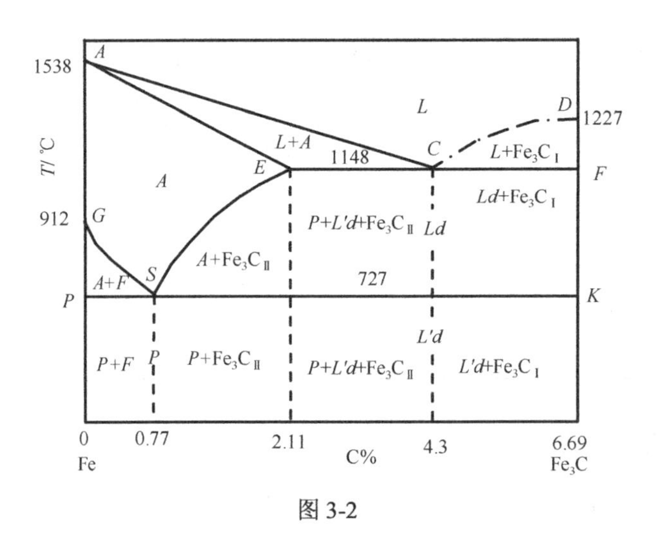

图 3-2

（2）铁碳合金相图中点、线的含义（见表 3-2、表 3-3）。

表 3-2　　铁碳合金相图中点的含义

点的符号	温度/℃	含碳量/%	含义
A	1538	0	纯铁的熔点
C	1148	4.3	共晶点，Lc≒（A+Fe_3C）
D	1227	6.69	渗碳体的熔点
E	1148	2.11	碳在 γ–Fe 中的最大溶解度点
G	912	0	纯铁的同素异构转变点，α–Fe≒γ–Fe
S	727	0.77	共析点，As≒（F+Fe_3C），碳在 γ–Fe 中的最小溶解度点

表 3-3　　铁碳合金相图中线的含义

特征线	含义	备注
ACD	液相线	金属液冷却到此线开始结晶，*AC* 线以下结晶出奥氏体，*CD* 线以下结晶出渗碳体
AECF	固相线	金属液冷却到此线全部结晶为固态
GS	常称 A_3 线。冷却时，从不 1 同含碳量的奥氏体中析出铁素体的开始线	奥氏体向铁素体的转变是铁发生同素异构转变的结果
ES	常称 A_{cm} 线。碳在 γ–Fe 中的溶解度线碳在奥氏体中的溶解度线	随温度下降，碳在奥氏体中的溶解度减小，多余的碳以二次渗碳体的形式从奥氏体中析出
ECF	共晶线，Lc≒（A+Fe_3C）	金属液冷却到此线发生共晶转变，从金属液中同时结晶出奥氏体和渗碳体的混合物，即莱氏体
PSK	共析线，常称 A_1 线。A_S≒（F+Fe_3C）	合金冷却到此线发生共析转变，从奥氏体中同时析出铁素体和渗碳体的混合物，即珠光体

铁碳合金的分类见表 3-4。

表 3-4　　铁碳合金的分类

合金类别	工业纯铁	钢			白口铸铁（生铁）		
		亚共析钢	共析钢	过共析钢	亚共晶白口铸铁	共晶白口铸铁	过共晶白口铸铁
C（%）	≤0.0218	$0.0218<C\leq 2.11$			$2.11<C<6.69$		
		<0.77	=0.77	>0.77	<4.3	=4.3	>4.3
室温组织	F	F+P	P	P+ Fe_3C_{II}	$L'd$+P+Fe_3C_{II}	$L'd$	$L'd$+Fe_3C_I

四、碳素钢

1．碳素钢

碳素钢含碳量大于 0.0218%小于 2.11%，且不含有特意加入合金元素的铁碳合金。

2．常存元素对钢性能的影响

① 锰（Mn）：有益元素，它能提高钢的强度和硬度，减轻硫对钢的危害。
② 硅（Si）：有益元素，它能提高钢的强度和硬度。
③ 硫（S）：有害元素，会产生热脆现象，导致钢材开裂。
④ 磷（P）：有害元素，会产生冷脆现象，使钢在室温下的塑性、韧性急剧下降。
⑤ 氢（H）：有害元素，造成氢脆、白点等缺陷。

3．碳素钢的分类

碳素钢的分类如图 3-3 所示。

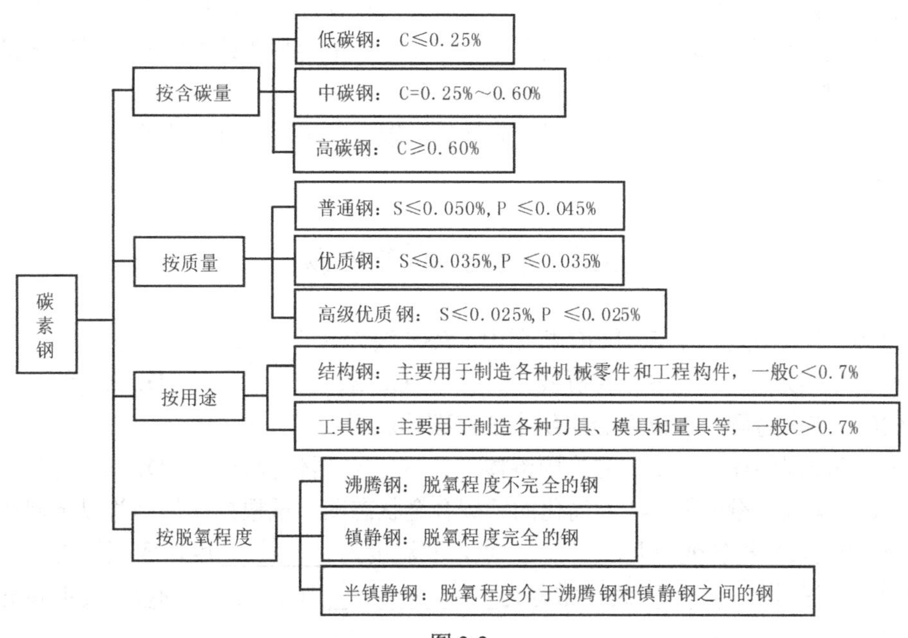

图 3-3

4. 碳素钢的牌号、性能

（1）碳素结构钢

① 牌号由字母“Q”、屈服点数值、质量等级符号、脱氧方法四个部分按顺序组成。如 Q235-A・F（屈服强度不低于 235MPa 的 A 级沸腾钢）。

② 性能为容易冶炼，工艺性好，在性能上能满足一般工程结构及普通零件的要求。

（2）优质碳素结构钢

① 牌号用两位数字表示钢的平均含碳量的万分数，含 Mn 量较高的钢在牌号后标元素符号“Mn”。如 45（平均含碳量为 0.45%的优质碳素结构钢），50Mn 等。

② 性能为低碳钢：强度、硬度较低，塑性、韧性及焊接性良好。中碳钢：强度、硬度较高，塑性、韧性随含碳量的增加而降低，切削性能好。高碳钢：强度、硬度、弹性较高，焊接性、切削性较差，冷变形塑性差。

（3）碳素工具钢

① 牌号由字母“T”及数字组成，数字表示钢中平均含碳量的千分数，若为高级优质钢，则在牌号后标 A。如 T12A（平均含碳量 1.2%的高级优质碳素工具钢）。

② 性能为高硬度、高耐磨性。

3.2 高考要求分析

高考要求：了解铁碳合金的相及组织的基本类型和性能特点；了解典型铁碳合金的结晶过程（钢的部分）。熟悉钢的含碳量对钢组织及性能的影响。掌握简化的铁碳合金状态图，并能说明铁碳合金相图中点、线、区域的组织类型及性能特点。

铁碳合金这部分内容介绍了铁碳合金的组织及铁碳合金相图，单招考纲中要求重点掌握简化的铁碳合金状态图，因此围绕铁碳合金相图在近几年的高考试卷中出现了以选择、填空和问答等形式的试题。

试卷中涉及的内容有：合金的组织，简化的铁碳合金相图中点、线的含义、区域的组织类型及其性能特点等。

3.3 高考试题回顾

1.（2003 年高考题）在 Fe-Fe_3C 相图中，*PSK* 线为（　　）。

A. 共晶线　　B. 共析线　　C. A_3 线　　D. A_{cm} 线

2.（2005 年高考题）铁碳合金组织中的渗碳体属于（　　）。

A. 间隙固溶体　　B. 置换固溶体　　C. 金属化合物　　D. 混合物

3.（2005 年高考题）图 3-4 为简化的铁碳合金状态图，试根据图形回答以下问题。

（1）铁的同素异构转变点是＿＿＿＿＿点，其温度为＿＿＿＿＿度，含碳量为＿＿＿＿＿。

（2）共析线是指＿＿＿＿＿线，常称为＿＿＿＿＿＿＿（A_1，A_{cm}，A_3），发生共析转变时的温度为＿＿＿＿＿＿度。

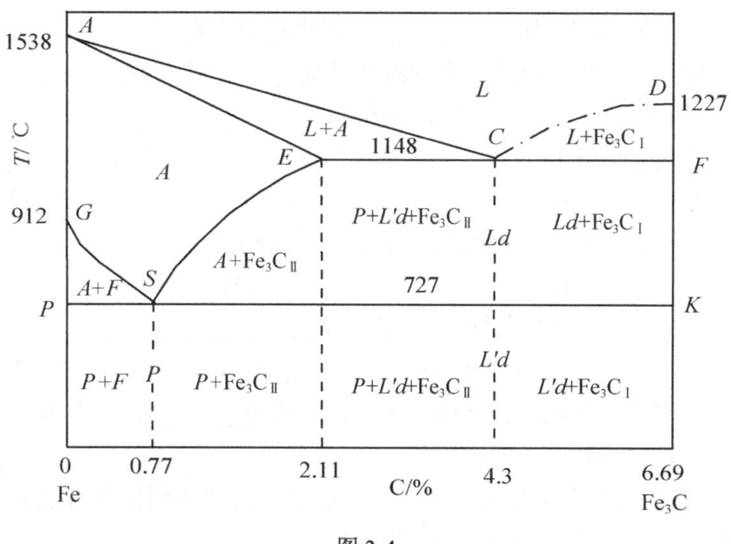

图 3-4

（3）含碳量为 0.77%的钢称为______________钢，其室温组织为________________，将其加热到 800 度时的显微组织为_________________。

4.（2006 年高考题）合金中成分、结构及性能相同的组成部分称为______________。

5.（2009 年高考题）常温下珠光体在 45 钢组织中的含量大约为__________。

A．0.45%　　B．0.77%　　C．2.11%　　D．58%

6.（2009 年高考题）$Fe-Fe_3C$ 相图，以 E 点为界分成两个相图，左边为__________相图，右边为__________相图。

7.（2009 年高考题）铁素体的晶格类型是__________________，纯铁在 1000℃时的晶格类型是__________________。

8.（2010 年高考题）普通、优质、高级优质钢是按钢的__________进行划分的。

A．含碳量　　B．Mn 和 Si 的含量　C．S 和 P 的含量　　D．用途

9.（2010 年高考题）下列最适宜钢压力加工的组织是__________。

A．莱氏体　　B．奥氏体　　C．珠光体　　D．渗碳

10.（2010 年高考题）图 3-5 为简化的铁碳合金状态图，根据此图回答问题。

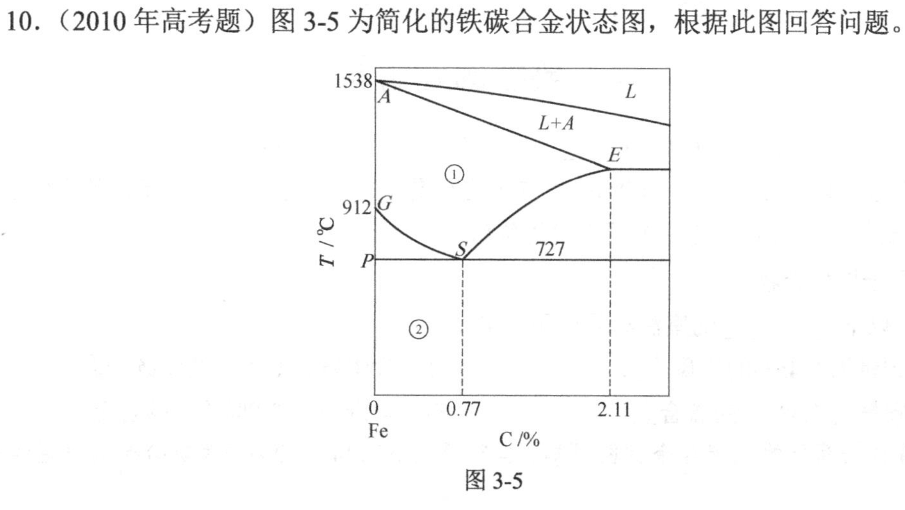

图 3-5

（1）*S* 点是_____点，温度为___________，产物转变式为 A_S=____________________。

（2）*GS* 线又称______线，该线是表示冷却时从_______中析出_____________的开始线。

（3）①区的组织是_____________②区的组织是______________。

11.（2011 年高考题）在室温下，随含碳量的增加，亚共析钢中的________增加。

A．铁素体　　B．奥氏体　　C．珠光体　　D．莱氏

12.（2015 年高考题）常温下适宜锻压加工钢的组织是_________。

A．铁素体　　B．渗碳体　　C．奥氏体　　D．珠光体

13.（2015 年高考题）下列金属材料属于低碳钢的是________。

A．Cr12MoV　　B．W18Cr4V　　C．45　　D．15Mn

14.（2015 年高考题）碳在奥氏体中的最大溶解度是_______，碳在奥氏体中的最小溶解度是_______碳在铁素体中的最大溶解度是_______。

15.（2016 年高考题）含碳量为 0.65%钢从室温缓慢加热到铁碳合金状态图中 *GS* 线以上，保温足够时间后，此时钢中奥氏体组织的含碳量是________。

A．0.0218%　　B．0.65%　　C．0.77%　　D．2.11%

16.（2016 年高考题）下列四种牌号的材料：①08F，②CrWMn，③40Cr，④T8；含碳量由小到大的次序是_________。

A．①—②—③—④　　B．④—①—③—②

C．①—④—②—③　　D．①—③—④—②

17.（2016 年高考题）在铁碳合金状态图中，*A* 点是________，*C* 点是________；在铁碳合金基本组织中，塑性最好的组织是______。

18.（2017 年高考题）在铁碳合金状态图中，*GS* 线又称_______线，加热时它________转变______终止线。

19.（2018 年高考题）在室温下，随含碳量的增加，钢组织增加的是______。

A．Fe_3C　　B．F　　C．A　　D．Ld

20.（2018 年高考题）含碳量为 0.6%的铁碳合金，在室温下珠光体组织含碳量________0.6%，加热到 *PSK* 至 *GS* 线之间时奥氏体组织含碳量_________ 0.6%，加热到 *GS* 线之上时，奥氏体组织含碳量_______0.6%。（填写“大于”或“等于”或“小于”）

3.4　典型例题解析

【例 1】渗碳体是铁与碳形成的________，它是一个硬而脆的组织。

【解析】渗碳体是含碳量为 6.69%的铁与碳的金属化合物，它的硬度很高，塑性很差，伸长率和冲击韧性几乎为零，是一个硬而脆的组织。

【答案】金属化合物

【例 2】以下_________的室温组织中不含 Fe_3C_{II}。

A．含碳量为 0.45%的铁碳合金　　B．含碳量为 0.80%的铁碳合金

C．含碳量为 1.3%的铁碳合金　　D．含碳量为 3.0%的铁碳合金

【解析】根据简化的铁碳合金相图可知，含碳量在 0.77%～4.3%的铁碳合金的室温组织中

含有 Fe_3C_{II}，所以只有含碳量为 0.45%的铁碳合金的室温组织中不含 Fe_3C_{II}。

【答案】 A

【例 3】 根据铁碳合金相图，回答下列问题。

（1）在铁碳合金基本组织中，______________、______________和____________称为铁碳合金的基本相。

（2）铁碳合金在室温时的组织都是由____________和_____________两项组成。

（3）T8A 钢在常态下的室温组织是________________。

（4）写出含碳量为 0.85%的碳钢在结晶过程中组织的转变。

（5）是比较含碳量为 0.2%铁碳合金与含碳量 1.2%铁碳合金的硬度的高低，并说明原因。

【解析】（1）在铁碳合金基本组织中，铁素体、奥氏体和渗碳体都是单相组织，它们是铁碳合金的基本相。

（2）根据铁碳合金相图可以分析得出，铁碳合金在室温时的组织都是由铁素体和渗碳体两相组成。

（3）T8A 表示平均含碳量为 0.80%的高级优质碳素工具钢。根据铁碳合金相图可以看出含碳量为 0.80%的钢室温组织是 $P+Fe_3C_{II}$。

（4）根据铁碳合金相图可以分析得出，含碳量为 0.85%的碳钢在结晶过程中组织的转变如下。

$$L \longrightarrow L+A \longrightarrow A \longrightarrow A+Fe_3C_{II} \longrightarrow P+Fe_3C_{II}$$

（5）含碳量 1.2%铁碳合金的室温组织是珠光体和渗碳体，含碳量 0.20%铁碳合金室温组织是珠光体和铁素体，而渗碳体的硬度比铁素体硬度高，所以含碳量 1.2%铁碳合金比含碳量 0.2%铁碳合金的硬度高。

【答案】（1）铁素体　奥氏体　渗碳体

（2）铁素体　渗碳体

（3）$P+Fe_3C_{II}$

（4）

$$L \longrightarrow L+A \longrightarrow A \longrightarrow A+Fe_3C_{II} \longrightarrow P+Fe_3C_{II}$$

（5）含碳量 1.2%铁碳合金的室温组织是珠光体和渗碳体，含碳量 0.20%铁碳合金室温组织是珠光体和铁素体，而渗碳体的硬度比铁素体硬度高，所以含碳量 1.2%铁碳合金比含碳量 0.2%铁碳合金的硬度高。

3.5　高考模式训练 A

一、单项选择题（共 5 小题，每小题 3 分，共 15 分）

1．下列不属于黑色金属材料的是________。

A．纯铁　B．灰铸铁　C．合金渗碳钢　D．轴承合金

2．钢铁材料是由铁与________组成的合金。

A．铜　B．硅　C．碳　D．锰

3．形成无限置换固溶体的条件是________。

A．需要很高的温度

B．非金属元素之间

C．金属元素之间

D．电子结构相似、原子半径差别小、晶格类型相同

4．具有高熔点、高硬度、高脆性和良好的化学稳定性的是________。

A．金属化合物　　B．置换固溶体　　C．混合物　　D．间隙固溶体

5．对有色金属来说，________是一种重要的强化手段。

A．形变强化　　B．固溶强化　　C．热处理　　D．加工硬化

二、填空题（每空1分，共7分）

1．与纯金属相比，合金具有更好的________________性能。

2．组元是组成合金的_______、最基本、能独立存在的元物质。组元一般指元素，但有时稳定的___________也可作为组元。从结构来看，混合物中各相仍保持原来的___________。

3．由于溶剂晶格空隙有限，因而间隙固溶体都是______________。按组织形式分，固溶体和金属化合物属于_______________，而混合物属于__________________。

三、分析题（每空1分，共8分）

图3-6、图3-7分别为合金材料的显微组织。回答以下问题。

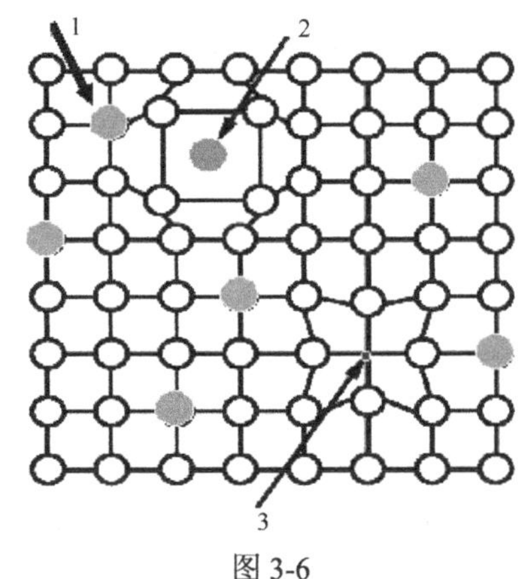

图3-6

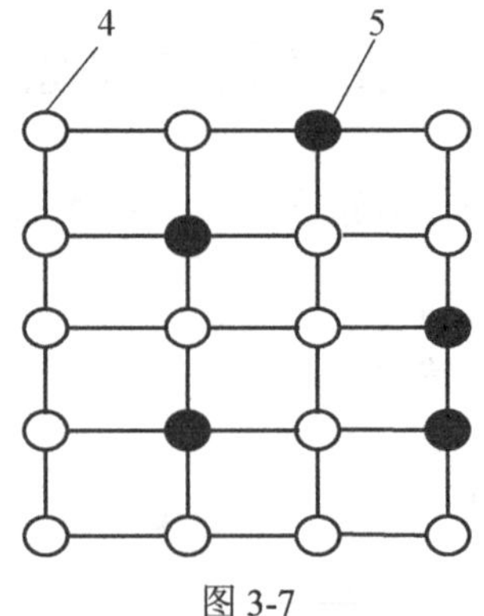

图3-7

1．图 3-6 中 1 原子称为__________，2 原子称为__________，3 位置称为__________。

2．晶体中原子紊乱排列的现象称为________________。

3．从图 3-6 中可见 1 原子、2 原子的存在使溶剂晶格发生畸变，从而使合金对变形的抗力__________。通过溶入溶质元素形成固溶体而使金属材料强度、硬度提高的现象称为__________。

4．图 3-7 材料为铁铬合金，这种固溶体称为___________，从图中可见溶质原子 5 未对晶格产生明显的影响，由于铁、铬元素的原子电子结构相似、原子半径差别小、晶格类型相同可以形成________________。

3.6　高考模式训练 B

一、单项选择题（共 15 小题，每小题 1 分，共 15 分）

1．下列铁碳合金组织中，在常温下不稳定的是________。

A．铁素体　B．奥氏体　C．珠光体　D．渗碳体

2．下列铁碳合金组织中，含碳量最大的是________。

A．莱氏体　B．铁素体　C．奥氏体　D．渗碳体

3．下列铁碳合金组织中，含碳量随温度变化而变化的是________。

A．奥氏体　B．莱氏体　C．渗碳体　D．珠光体

4．下列铁碳合金组织中，常温下性能类似于纯铁的是________。

A．奥氏体　B．铁素体　C．珠光体　D．高温莱氏体

5．下列铁碳合金组织中，晶格类型属于体心立方晶格的是________。

A．铁素体　B．奥氏体　C．珠光体　D．渗碳体

6．下列铁碳合金组织中，在 1227℃以上能以固态稳定存在的是________。

A．高温莱氏体　B．奥氏体　C．珠光体　D．渗碳体

7．下列铁碳合金组织中，在 727℃以上具有良好的塑性的是________。

A．奥氏体　B．珠光体　C．莱氏体　D．渗碳体

8．下列铁碳合金组织中，硬度最高的是________。

A．珠光体　B．铁素体　C．莱氏体　D．渗碳体

9．下列铁碳合金组织中，属于间隙固溶体的是________。

A．奥氏体　B．珠光体　C．渗碳体　D．莱氏体

10．下列铁碳合金组织中，属于多相组织的是________。

A．珠光体　B．渗碳体　C．奥氏体　D．铁素体

11．下列铁碳合金组织中，属于单相组织的是________。

A．低温莱氏体　B．珠光体　C．奥氏体　D．莱氏体

12．下列铁碳合金组织中，属于混合物的是________。

A．奥氏体　B．铁素体　C．渗碳体　D．莱氏体

13．下列铁碳合金组织中，属于铁碳合金基本相的是________。

A. 高温莱氏体　B. 铁素体　C. 珠光体　D. 低温莱氏体

14. 下列铁碳合金组织中，稳定存在时温度最高的是________。

A. 奥氏体　B. 铁素体　C. 珠光体　D. 高温莱氏体

15. 现代工业中使用最广泛的合金是________。

A. 铜合金　B. 钢铁　C. 铝合金　D. 钛合金

二、填空题（每空1分，共7分）

1. 钢铁均是以铁和碳为基本组元的________________。

2. 由于α-Fe晶格间隙较小，碳在α-Fe中的溶解度很小，其最大溶碳量为____________。奥氏体的晶格类型是______________，因具有良好的塑性，所以其具有良好的______________性能。

3. 渗碳体的化学式是________________，其具有__________________晶格，是钢中主要____________相。

三、分析题（每空1分，共8分）

表3-5为铁碳合金基本组织的性能及特点。根据表中内容，回答以下问题。

表3-5　铁碳合金基本组织的性能及特点

组织名称	符号	含碳量/%	存在温度区间/℃	力学性能		
				R_m/MPa	$A_{11.3}$/%	HBW
铁素体		～0.0218	室温～912	180～280	30～50	50～80
奥氏体		～2.11	727以上	—	40～60	120～220
渗碳体	Cm	6.69	室温～1227	30	0	～800
珠光体		0.77	室温～727	800	20～35	180
莱氏体	Ld	4.3	727～1148	—	—	—
	L'd		室温～727	—	0	>700

1. 抗拉强度值最大的组织符号为____________，塑性最好的组织符号是____________。

2. 符号$A_{11.3}$表示拉伸实验所用试样为______________，A是塑性指标______________的符号。

3. 硬度最硬的组织是______________，符号HBW为__________________符号。

4. 组织存在温度最高的是____________，Ld与L'd组织中含奥氏体的是____________。

3.7　高考模式训练C

一、单项选择题（共15小题，每小题1分，共15分）

1. 生产中实际使用的铁碳合金中的含碳量不超过________%。

A. 0.77　B. 2.11　C. 4.3　D. 5

2．在铁碳合金相图中，共析点是________。

A．C　　B．A　　C．S　　D．D

3．在铁碳合金相图中，共晶点是________。

A．C　　B．G　　C．S　　D．D

4．在铁碳合金相图中，共析转变线是________。

A．ECF　　B．PSK　　C．SE　　D．GS

5．在铁碳合金相图中，共晶转变线是________。

A．$AECF$　　B．A_3　　C．ECF　　D．A_1

6．在铁碳合金相图中，铁发生同素异构转变线是________。

A．A_{cm}　　B．PSK　　C．ECF　　D．GS

7．在铁碳合金相图中，纯铁的熔点是________点。

A．C　　B．A　　C．S　　D．D

8．在铁碳合金相图中，碳在奥氏体中最大溶解度点是________。

A．E　　B．C　　C．P　　D．A

9．铁碳合金组织发生共析转变的温度是________℃。

A．912　　B．1148　　C．727　　D．1227

10．铁碳合金组织发生共晶转变的温度是________℃。

A．1538　　B．727　　C．1148　　D．1227

11．在铁碳合金相图中，室温能得到一次渗碳体组织的含碳量百分范围是________。

A．0～0.77　　B．0～0.0218　　C．0.77～2.11　　D．4.3～6.99

12．在铁碳合金相图中，液相线是________。

A．ACD　　B．PSK　　C．ECF　　D．ES

13．在铁碳合金相图中，钢得到网状渗碳体的含碳量百分范围是________。

A．0～0.77　　B．0～0.0218　　C．0.77～2.11　　D．4.3～6.99

14．铁碳合金组织在一定的温度下，从一种固相中析出两种固相的转变是________。

A．同素异构转变　　B．共晶转变　　C．共析转变　　D．A 转变为 Fe_3C_{II}

15．对于碳素钢及低、中碳合金钢，其含碳量一般不超过________%。

A．0.0218　　B．0.77　　C．2.11　　D．1.3

二、填空题（每空 1 分，共 7 分）

1．铁碳合金相图是在缓慢冷却（或缓慢加热）条件下，不同成分的铁碳合金的状态或__________随温度变化的图形。

2．铁碳合金相图中有__________特征点及六条特征线。渗碳体的熔点是__________，Acm 线是碳在____________溶解度曲线。

3．随含碳量的增加，钢的强度、硬度越________，其而塑性、韧性越______。铸铁中靠近__________成分的铁碳合金不仅熔点低，有较好的铸造流动性。

三、分析题（每空1分，共8分）

图3-8为简化的铁碳合金相图。回答以下问题。

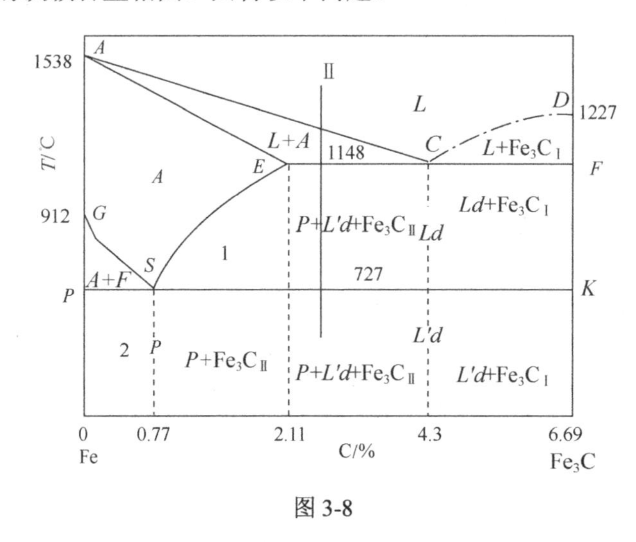

图3-8

1．铁的同素异构转变点是_________点，其温度为_________℃。

2．含碳量为0.77%的钢室温组织为______，将其加热到800℃时的显微组织为_______。

3．区域1的组织符号为_____________，区域2的组织符号为_____________。

4．合金Ⅱ从高温到室温转变时，在1148℃时转变式为___________________，在727℃时转变式为__________________。

3.8　高考模式训练D

一、单项选择题（共15小题，每小题1分，共15分）

1．下列元素不属于碳钢中常存杂质元素的是________。

A．铬　　B．硅　　C．锰　　D．硫

2．属于碳钢中有益金属元素的是________。

A．硫　　B．磷　　C．硅　　D．锰

3．使钢产生热脆性的元素是________。

A．锰　　B．硅　　C．磷　　D．硫

4．使钢造成冷脆性的元素是________。

A．锰　　B．硅　　C．磷　　D．硫

5．使钢造成白点缺陷的元素是________。

A．氢　　B．硅　　C．磷　　D．硫

6．属于低碳钢的是________。

A．08F　　B．T7　　C．55　　D．60Mn

7．属于优质碳素结构钢的是________。

A．Q235　B．T12A　C．40　D．ZG270-500

8．属于高级优质钢的是________。

A．Q235A　B．45　C．T12A　D．ZG270-500

9．属于碳素工具钢的是________。

A．20Mn　B．T10A　C．Q275A　D．10F

10．经调质热处理后，获得良好综合力学性能的钢是________。

A．45　B．Q255　C．T8　D．20

11．制造建筑结构件、工程结构件主要选用________ 。

A．合金钢　B．优质碳素结构钢　C．普通碳素结构钢　D．碳素工具钢

12．制造受力不大的铆钉、螺钉、螺母选用________。

A．55Mn　B．Q215A　C．45　D．ZG270-500

13．属于优质钢的是________。

A．T8　B．Q215B　C．Q235A　D．ZG230-450

14．含碳量最高的是________。

A．T10　B．Q195　C．65Mn　D．ZG370-570

15．制造的零件成品最不能受冲击载荷作用的是________。

A．45　B．Q255　C．08F　D．T12A

二、填空题（每空 1 分，共 7 分）

1．低碳钢的含碳量____________。

2．碳素结构钢中含碳量一般小于__________，Q215AF 钢牌号的 215 表示__________ ，F 表示____________。

3．T12A 钢中的平均含碳量为_________，A 表示___________，45 钢中平均含碳量为________。

三、分析题（每空 1 分，共 8 分）

表 3-6 为碳素钢的牌号、力学性能指标数值。回答以下问题。

表 3-6　碳素钢的牌号、力学性能指标数值

序号	牌号	力学性能				
		R_{eL}/MPa	R_m/MPa	A/%	Z/%	HBW
1	Q235AF	235	375	27	63	122
2	25	245	410	25	55	156
3	ZG270-500	270	500	18	25	210
4	45	355	600	16	40	241
5	65Mn	430	735	9	30	285
6	T10A	1107	1234	7	8	334

1．建造厂房、船舶选用____________，制造小轴、销子选用__________ 。

2．制造弹簧选用__________________，制造丝锥、板牙选用__________ 。

3．制造箱体、缸体选用______________，制造连杆、曲轴选用__________ 。

4．从表中力学性能数据：序号 1 到序号 6 钢的强度、硬度依次_______________，估计 ZG270-500 的含碳量大概范围___________。

3.9　测试 A

（满分 100 分，时间 90 分钟）

一、填空题（每空 1 分，共 20 分）

1．合金是一种金属元素与其他金属元素或非金属元素通过熔炼或其他方法结合而成的具有__________的材料。

2．根据合金各组元之间结合方式的不同，合金组织可以分为___________、__________和___________三类。

3．铁碳合金有五种基本组织，其中_____________、____________、_____________是基本相也是单相组织。______________、________________是多项组织。

4．铁碳合金基本组织中____________和____________属于固溶体体，_____________属于金属化合物，______________和_______________属于金属混合物。

5．从金属液体中直接结晶出的渗碳体称为___________________。从奥氏体中析出的渗碳体称为___________________。

6．相图是合金的_________________、_______________和__________________之间关系的一个简明图表。最常用测绘相图方法是_________________________。

二、选择题（将正确的选项填入空格中，每题 1 分，共 20 分）

1．组成合金最基本的独立物质称为________。

A．相　　B．组元　　C．组织　　D．成分

2．共晶白口铸铁的含量碳量为________。

A．0.77%　　B．2.11%　　C．4.3%　　D．6.69%

3．铁碳合金共析转变的温度是________。

A．727℃　　B．912℃　　C．1148℃　　D．1227℃

4．大多数钢在高温进行锻造和扎制时所需要的组织是________。

A．铁素体　　B．奥氏体　　C．渗碳体　　D．珠光体

5．亚共析钢冷却到 PSK 线时，要发生共析转变，奥氏体转变成________。

A．铁素体和珠光体　　B．珠光体　　C．铁素体　　D．珠光体和渗碳体

6．铁素体的晶格类型为________晶格。

A．体心立方　　B．面心立方　　C．密排六方　　D．斜六方

7．铁碳合金冷却到________时开始结晶。

A．*ACD* 线　　B．*ES* 线　　C．*AC* 线　　D．*CD* 线

8．含碳量为 0.8%的铁碳合金冷却到室温时的组织为________。

A．铁素体和珠光体　　B．珠光体

C．铁素体　　D．珠光体和二次渗碳体

9．在固溶体中溶入溶质原子而使溶剂晶格发生畸变，从而使金属材料强度、硬度升高的现象称为________。

A．加工硬化　　B．变质处理　　C．固溶强化　　D．塑性变形

10．亚共析钢冷却到 *GS* 线时要从奥氏体中析出________。

A．铁素体　　B．渗碳体　　C．珠光体　　D．莱氏体

11．珠光体中的含碳量为________。

A．4.3%　　B．0.77%　　C．2.11%　　D．6.69%

12．奥氏体中最大的含碳量为________。

A．4.3%　　B．0.77%　　C．2.11%　　D．6.69%

13．铁碳合金相图中的 *ES* 线用代号________表示。

A．A_1　　B．A_{cm}　　C．A_3　　D．A_{c3}

14．含碳量在 2.11%～6.69%的铁碳合金从液体冷却到 *ECF* 线时会发生共晶转变，共晶体组织为________。

A．（A+Fe_3C_{I}）　　B．A　　C．（P+ Fe_3C_{I}）　　D．$L'd$

15．现代工业中应用最为广泛的合金是________。

A．铜合金　　B．铝合金　　C．钢铁　　D．硬质合金

16．只能在高温状态下稳定存在的铁碳合金组织是________。

A．P　　B．Fe_3C　　C．Ld　　D．A

17．性能类似于纯铁的铁碳合金组织是________。

A．F　　B．Fe_3C　　C．P　　D．A

18．下列铁碳合金组织中，含碳量最低的铁碳合金组织是________。

A．Fe_3C　　B．A　　C．P　　D．F

19．在铁碳合金相图中，碳在奥氏体中最大溶解度点是________。

A．S　　B．G　　C．C　　D．E

20．下列铁碳合金组织中，硬度最大的铁碳合金组织是________。

A．F　　B．Fe_3C　　C．P　　D．A

三、选择填空题（将正确的内容填入空格中，每题 1 分，共 20 分）

1．无限固溶体的晶格类型与溶剂的晶格类型________（不同、相同）。

2．碳在 γ-Fe 中的溶解度比在 α-Fe 中的溶解度________（大、小）。

3．碳在奥氏体中的溶解度随温度的升高而__________（增大、减小）。

4．含碳量为 0.15%和 0.35%的钢属于________（亚共析、过共析）钢。

5．渗碳体在适当条件下______（能、不能）分解为铁和石墨状的自由碳。

6．铁素体具有良好的塑性和韧性，而强度和硬度________（较大、很低）。

7．奥氏体强度和硬度不高，但具有良好的_________（塑性、耐磨性）。

8．靠近共晶成分的铁碳合金熔点高，凝固温度区间也较小，铸造性能________（良好、不好）。

9．固溶体分为间隙固溶体和_____（强化、置换）固溶体。

10．间隙固溶体能溶解的溶质原子数量是____（有限、无限）。

11．奥氏体晶格是____（体心、面心）立方晶格。

12．在铁碳合金相图中，A_3线温度是随含碳量的增加而_____（上升、下降）。

13．金属化合物的晶格类型不同于任一组元，混合物中各相_____（不、仍）保持自身的晶格。

14．在相同温度下铁碳合金组织中，含碳量越高，其强度、硬度___（越高、越低）。

15．渗碳体熔点高、硬度高、脆性大，化学成分________（稳定、不稳定）。

16．碳溶解在γ-Fe中形成的间隙固溶体称为_____（奥氏体、铁素体）。

17．渗碳体是钢中主要_________（强化、软化）相，在铸铁或钢中以片状、球状或网状分布。

18．珠光体的组织符号是P，珠光体是______（单、多）相组织。

19．高温莱氏体与低温莱氏体的含碳量一样，其性能_____（不一样、一样）。

20．形变强化、固溶强化和热处理________（都可以、不都可以）强化金属。

四、综合题（本题共4小题，共40分）

1．（9分）根据图3-9的$Fe-Fe_3C$合金相图，回答以下问题。

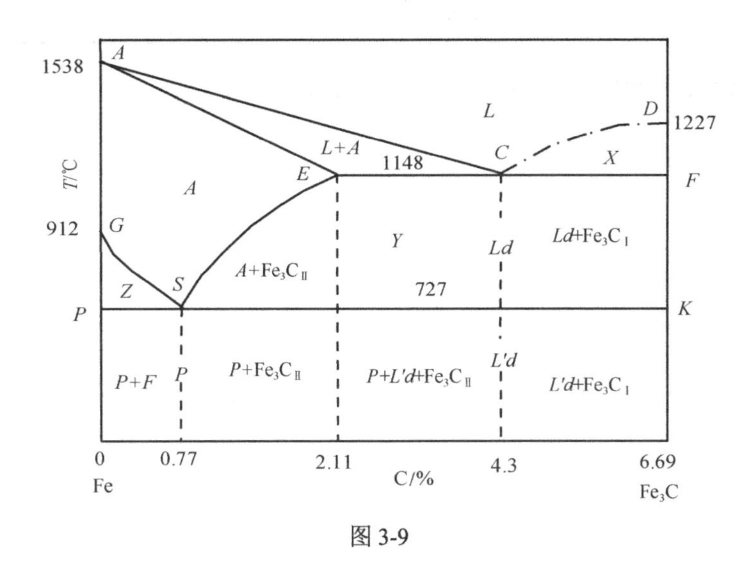

图3-9

（1）填写区域*X*、*Y*、*Z*的组织，*X*____________，*Y*______________，*Z*____________。

（2）*ECF*线为___________线，其温度为___________。

（3）*PSK*线为___________线，其温度为___________。

（4）*ES*线为________________________________。

（5）*G*点为________________________________。

2．（9分）表3-7为铁碳合金的分类表，请根据已知条件完成下表。

表 3-7　铁碳合金分类表

<table>
<tr><td rowspan="2">合金类别</td><td rowspan="2">工业纯铁</td><td colspan="3">钢</td><td colspan="3">白口铸铁（生铁）</td></tr>
<tr><td></td><td>共析钢</td><td></td><td></td><td></td><td>过共晶白口铸铁</td></tr>
<tr><td rowspan="2">C（%）</td><td rowspan="2">$\leqslant 0.0218$</td><td colspan="3">$0.0218 < C \leqslant 2.11$</td><td colspan="3">$2.11 < C < 6.69$</td></tr>
<tr><td>< 0.77</td><td>$=0.77$</td><td></td><td>< 4.3</td><td>$=4.3$</td><td></td></tr>
<tr><td>室温组织</td><td>F</td><td></td><td>P</td><td>$P+Fe_3C_{II}$</td><td></td><td>$L'd$</td><td></td></tr>
</table>

3．（18 分）填写表 3-8。根据已知条件，完成铁碳合金基本组织符号、含碳量、含义、力学性能。

表 3-8　铁碳合金基本组织符号、含碳量、含义、力学性能

<table>
<tr><td>名称</td><td>符号</td><td>含碳量/%</td><td>含义（定义）</td><td>力学性能</td></tr>
<tr><td>铁素体</td><td></td><td></td><td></td><td></td></tr>
<tr><td>奥氏体</td><td></td><td>0.77～2.11</td><td></td><td></td></tr>
<tr><td>渗碳体</td><td></td><td></td><td></td><td></td></tr>
<tr><td>珠光体</td><td></td><td></td><td></td><td></td></tr>
<tr><td>莱氏体</td><td></td><td rowspan="2"></td><td rowspan="2">莱氏体是 1148℃时奥氏体和渗碳体的混合物；低温莱氏体是室温下珠光体和渗碳体的混合物，属多相组织</td><td rowspan="2">硬度很高，塑性很差</td></tr>
<tr><td>低温莱氏体</td><td></td></tr>
</table>

4．（4 分）请简要阐述含碳量对钢的性能有何影响？

3.10　测试 B

（满分 100 分，时间 90 分钟）

一、填空题（每空 1 分，共 20 分）

1．在铁碳合金相图中，铁的同素异构转变点是__________点，其温度为__________度，含碳量为_________。

2．含碳量为 0.77%的钢称为______________钢，其室温组织为_______________，将其加热到 800℃时的显微组织为______________________。

3．合金中成分、结构及性能相同的组成部分称为______________。

4．Fe-Fe_3C 相图，以 E 点为界分成两个相图，左边为_________相图，右边为________相图。

5．铁素体的晶格类型是___________________________，纯铁在 1000℃时的晶格类型是_________________。

6．渗碳体的符号是__________或__________，具有____________晶格。

7．珠光体是渗碳体与铁素体形成的片层相间、________________排列的混合物。

8．在 Fe-Fe_3C 相图中有__________个特性点和______________条特性线。

9．在铁碳合金相图中，ACD 线与 $AECF$ 线之间是_____________________区域，也称为_____________ 区。

10．T12A 钢加热到 1200℃时的组织是_________________。

二、选择题（将正确的选项填入空格中，每题 1 分，共 20 分）

1．碳素钢是碳和________形成的合金。

A．硫　　B．锰　　C．硅　　D．铁

2．合金中不同相之间相互组合配置的状态称为________。

A．合金　　B．组元　　C．组织　　D．相

3．随温度的增加，溶解度增加的合金组织是________。

A．有限固溶体　　B．无限固溶体　　C．金属化合物　　D．混合物

4．属于二元合金的是________。

A．青铜　　B．普通黄铜

C．灰铸铁　　D．钨钴钛类硬质合金

5．铁碳合金共晶转变的温度是________。

A．727℃　　B．912℃　　C．1148℃　　D．1227℃

6．铁碳合金相图中，从奥氏体析出铁素体的转变线是________。

A．A_1　　B．A_{cm}　　C．A_3　　D．A_{c3}

7．在铁碳合金相图中，在 *CD* 线以下将从液体中首先析出________组织。

A．*P*　　B．*F*　　C．Fe_3C_{II}　　D．Fe_3C_I

8．网状的二次渗碳体出现在________中。

A．亚共析钢　　B．共析钢　　C．灰铸铁　　D．过共析钢

9．在金相显微镜下观察45钢的组织，其中白色组织是________。

A．*F*　　B．Fe_3C_I　　C．*P*　　D．*A*

10．在金相显微镜下观察共晶白口铸铁的组织，其中白色组织是________。

A．*F*　　B．$Fe3C_I$　　C．*P*　　D．*A*

11．含碳量为3.0%的铁碳合金在900℃时组织为________。

A．$F+P$　　B．$A+Fe_3C_I$　　C．$Ld+Fe_3C_{II}$　　D．$A+Ld+Fe_3C_{II}$

12．在铁碳合金相图的一个区域中，一种单相固体组织是________。

A．*F*　　B．Fe_3C_I　　C．*P*　　D．*A*

13．铁碳合金相图的纵坐标是________。

A．含碳量百分比　　B．温度　　C．$Fe3C_I$百分比　　D．铁百分比

14．在铁碳合金相图中PSK线是________。

A．同素异构转变线　　B．碳溶解度线　　C．共晶线　　D．共析线

15．在铁碳合金相图中温度最高的点是________。

A．*D*点　　B．*C*点　　C．*P*点　　D．*A*点

16．铁碳合金相图中，渗碳体熔点的点是________。

A．*G*点　　B．*C*点　　C．*D*点　　D．*E*点

17．铁素体晶格中，碳的原子直径与铁的原子直径大小关系________。

A．小　　B．相等　　C．大　　D．无法确定

18．铁碳合金简化的相图区域中，共有________个三项组织区域。

A．2　　B．3　　C．4　　D．5

19．共晶白口铸铁的室温组织是________。

A．$F+P$　　B．$A+Fe_3C_I$　　C．$L'd$　　D．$A+Ld+Fe_3C_{II}$

20．高温莱氏体的组织是________。

A．$A+P$　　B．（$A+Fe3C_I$）　　C．$L'd$　　D．$A+Ld+Fe3C_{II}$

三、选择填空题（将正确的内容填入空格中，每题1分，共20分）

1．组成合金的组织一般是元素，_____（也、不）可以是稳定的化合物。

2．在固态下γ-Fe与α-Fe是_____（不同、相同）的相。

3．碳、氮、硼等原子可以溶入铁中形成______（无限、有限）固溶体。

4．无限置换固溶体______（不保持、保持）原有的晶格类型。

5．金属化合物具有________（良好、不好）的化学稳定性。

6．当温度降到727℃时，莱氏体中的________（渗碳体、奥氏体）将转变为珠光体。

7．在铁碳合金相图中，________（*P*、*S*）点是碳在铁素体中的最大溶解度点。

8．铁碳合金的共析体是由______（铁素体、奥氏体）和珠光体组成的。

9．在铁碳合金线图中，*ECF* 线是______（共析、共晶）转变线。

10．按含______（钢、碳）量不同，铁碳合金组织可以分为工业纯铁、钢和白口铸铁。

11．铁碳合金相图表明含碳量不同时，其组织、______（性能、温度）的变化规律。

12．铁碳合金相图为生产实践中的选材、热处理工艺的制定提供______（唯一、科学）依据。

13．碳对铁碳合金的组织和性能的影响比其他常规存在元素的影响______（大、小）。

14．在设计和生产中，通常是按机械零件的____（使用、工艺）性能来选择钢材。

15．在铁碳合金相图中，可以看到钢的熔化温度与浇注温度均比铸铁____（高、低）。

16．钢经加热后可获得单相的______（奥氏体、珠光体）组织。

17．钢在进行锻造加工时，温度过低容易在锻轧过程中产生_____（裂纹、晶界熔化）。

18．对于碳素钢、中合金钢其含碳量一般不超过______（0.9、1.3）%。

19．对于机器的主轴或车辆的转轴要求有较好的综合力学性能，可选用_____（中碳、高碳）钢来制造。

20．铁碳合金含碳量越高，铁素体数量______（越少、越多），而渗碳体数量越多。

四、综合题（本题共 4 小题，共 40 分）

1．（12 分）试述用金相显微镜观察铁碳合金的平衡组织的试验步骤。

2．（18 分）根据 Fe-Fe_3C 相图填写表 3-9。

表 3-9　　习题 2 表

点的符号	温度（℃）	含碳量（%）	含义
A			
C			
D			
E			
G			
S			

3．（10 分）根据 Fe–Fe_3C 相图填写表 3-10。

表 3-10　　习题 3 表

范围	存在的相（填写组织符号）	相区
ACD 线以上		单相区
AESGA		
AECA		两相区
DFCD		
GSPG		两相区
ESKF		两相区
PSK 以下		

3.11　测试 C

（满分 100 分，时间 90 分钟）

一、填空题（每个空格 1 分，共 20 分）

1．通常把以铁及铁碳合金为主的合金（钢铁）称为________________________。
2．合金是由两种或两种以上元素所组成的具有____________________________的材料。
3．碳素钢是由铁和__________________组成的二元合金。
4．碳溶解在 α-Fe 中形成的间隙固溶体称为___________________。
5．奥氏体在 1148℃时溶解碳达到________________。
6．在生产实际中使用的铁碳合金其含碳量一般不会超过________________。
7．在铁碳合金相图中，*G* 点的含义是___________________。
8．铁碳合金的共析体是______________________。
9．在铁碳合金相图中 *AECF* 线是_________________________。
10．按含碳量不同，铁碳合金的室温组织可以分为工业纯铁、_________和白口铸铁。
11．铁碳合金成分变化规律是：随着含碳量的增加，钢的强度、硬度_______________，而塑性。韧性______________。
12．碳钢按质量分可以分为普通钢、优质钢和__________________。
13．15F 钢中的平均含碳量为________________，F 表示_______________。
14．T12A 表示____。
15．低碳钢是指含碳量小于______________________的钢。
16．Q235D 钢的屈服强度______________________，D 表示________________。
17．含碳量为 3.5%的亚共晶白口铸铁其室温组织是____________________________。

二、选择题（将正确的选项填入空格中，每题 1 分，共 20 分）

1．组成合金最基本、最简单的能够独立存在的物质是________。
A．合金　　B．相　　C．组元　　D．组织
2．属于碳溶解其中形成的体心立方晶格的间隙固溶体是________。
A．铁素体　　B．奥氏体　　C．珠光体　　D．莱氏体
3．铁碳合金组织中，溶解碳量最大的组织是________。
A．铁素体　　B．渗碳体　　C．珠光体　　D．莱氏体
4．硬度最高的组织是________。
A．铁素体　　B．渗碳体　　C．珠光体　　D．莱氏体
5．铁碳合金相图中，渗碳体熔点的点是________。
A．*G* 点　　B．*C* 点　　C．*D* 点　　D．*E* 点
6．含碳量为 3.5%的铁碳合金在 900℃时组织为________。

A．A+L　　B．A+Fe_3C_{II}　　C．A+Ld+Fe_3C_{II}　　D．A+F

7．在铁碳合金相图中，PSK 线称为________。

A．液相线　　B．固相线　　C．共晶线　　D．共析线

8．制造各种刀具、模具和量具的钢，其含碳量一般大于________ %。

A．0.77　　B．2.11　　C．0.70　　D．0.45

9．制造厂房、桥梁、船舶等建筑结构或受力不大的机械零件可用________。

A．铸铁　　B．碳素工具钢　　C．碳素结构钢　　D．合金钢

10．在冶炼时需要消除钢中热脆性的元素是________。

A．Si　　B．P　　C．S　　D．Mn

11．氧气瓶、氢气瓶、液化气瓶等压力容器用________制造。

A．低碳钢　　B．中碳钢　　C．高碳钢　　D．高碳不锈钢

12．下列金属材料中焊接性最好的是________。

A．合金钢　　B．碳素工具钢　　C．高碳钢　　D．低碳钢

13．55Mn 钢中平均含碳量为________ %。

A．55　　B．5.5　　C．0.55　　D．0.055

14．制造锉刀可选用________钢。

A．T12A　　B．45　　C．60　　D．08F

15．制造弹簧可以选用________钢。

A．T10　　B．65Mn　　C．40　　D．35

16．制造连杆、齿轮可以选用________钢。

A．T12A　　B．45　　C．60　　D．08F

17．在 ZG270—500 符号中，500 表示________不小于 500MPa。

A．屈服强度　　B．抗拉强度　　C．疲劳强度　　D．冲击韧性

18．在铁碳合金相图中，ES 线又称为________线。

A．A_1　　B．A_2　　C．A_{cm}　　D．A_3

19．铁碳合金相图的纵坐标表示________。

A．碳含量百分数　　B．温度

C．渗碳体含量百分数　　D．珠光体含量百分数

20．铁碳合金组织中，属于金属化合物的是________。

A．奥氏体　　B．铁素体　　C．珠光体　　D．渗碳体

三、选择填空题（将正确的内容填入空格中，每题 1 分，共 15 分）

1．合金与纯金属相比具有更好的_____（力学、工艺）性能。

2．相是合金中同一化学成分、同一聚集状态的各个均匀____（组成部分、单项）。

3．有限固溶体的溶解度与温度和______（溶质晶粒大小、溶质原子半径）有关。

4．间隙固溶体都是________（有限、无限）固溶体。

5．金属化合物一般具有______（简单、复杂）的晶体结构，“三高”的特点。

6. 形变强化、________（固溶、液容）强化、热处理都是强化金属的重要手段。
7. 铁素体具有良好的塑性、韧性，______（较高、较低）的强度和硬度。
8. 铁碳合金单项组织中______（奥氏体、铁素体）不能在室下温稳定存在。
9. 钢中的有害杂质元素是_________（碳、硫）、磷、氢等三种。
10. 高碳钢一般用于制造较高______（韧性、强度）、耐磨性和弹性零件。
11. 碳素工具钢含碳量均在________（0.70%、0.9%）以上，都是优质钢或高级优质钢。
12. T7 钢可以用来制造_______（锉刀、錾子）、锤子、钻头等。
13. 铸造碳钢一般用来制造形状_______（简单、复杂）、力学性能要求较高的机械零件。
14. 铁碳合金相图从左向右室温组织中的_______（渗碳体、铁素体）含量越来越多。
15. 钢中的锰元素是______（有益、有害）元素。

四、综合题（本题共 4 小题，共 45 分）

1.（16 分）根据已知条件，填写表 3-11。

表 3-11　　　　习题 1 表

组织名称	符号	含碳量/%	存在温度/℃	性能特点
铁素体			室温～912	类似于纯铁
奥氏体				
渗碳体			室温～1148	
珠光体				
莱氏体	$L'd$			性能类似于渗碳体，硬度很高，塑性、韧性极差
	Ld			

2.（17 分）根据图 3-10 简化的铁碳合金相图，完成下列问题。

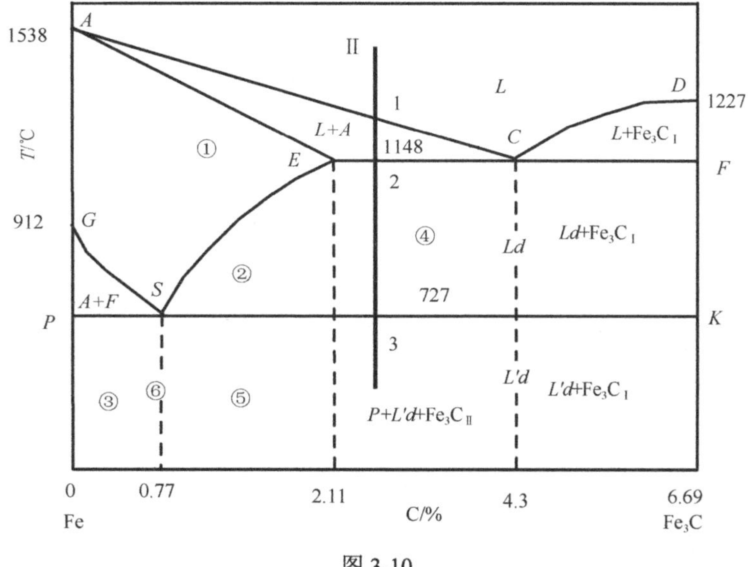

图 3-10

（1）填写代号①至⑥的组织符号。（6 分）

①__________________，②______________________，③______________________，

④__________________，⑤______________________，⑥______________________。

（2）填写点、线含义。（4 分）

S 点是__________，*C* 点是_________，*ECF* 线是__________，*GS* 线是__________

（3）合金Ⅱ从高温液态冷却到室温时，将组织符号填写在下列横线上，写出在 2、3 点的转变式。（7 分）

L ——→ 1 ——→ 2 ——→ 3 ——→ 室温

3．（6 分）碳素工具钢随含碳量的增加其性能如何变化？

4．（6 分）简述铁碳合金相图的应用。

第四章　钢的热处理

4.1　基础知识复习

一、钢的热处理

1. 热处理

热处理是将固态金属或合金采用适当方式进行加热、保温和冷却以获得所需要的组织结构与性能的工艺。绝大部分重要的机械零件在制造过程中都必须进行热处理。热处理工艺只改变工件的性能，不改变形状与尺寸。

2. 常用的热处理方法

常规热处理包括退火、正火、淬火和回火。表面热处理包括表面淬火和化学热处理（渗碳、渗氮、碳氮共渗）。热处理使钢性能发生变化的根本原因是由于铁有同素异构转变的特性，从而使钢在加热和冷却过程中发生组织和结构的变化（见图 4-1）。

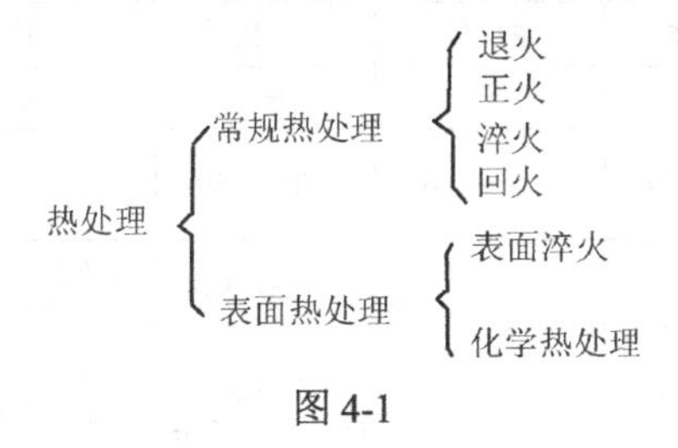

图 4-1

3. 热处理工艺的组成

热处理工艺由加热、保温和冷却三个阶段组成。

热处理的目的：提高和改善钢的使用性能；充分发挥钢材的性能潜力；延长零件的使用寿命；提高产品的质量与经济效益。

加热的目的：得到细小而均匀的奥氏体（A）晶粒。保温的目的：使工件热透、使组织转变完全、使奥氏体成分均匀。冷却的目的：获得所需要的组织结构与性能。

二、钢在加热、冷却时组织的转变

1. 钢的加热

在热处理工艺中，钢的加热是为了获取奥氏体，它对钢冷却后的组织和性能有重要的影响。

2．钢的奥氏体化过程

（1）奥氏体晶核的形成与长大。

（2）奥氏体的均匀化。

3．转变方法

在热处理工艺中，常用等温处理和连续冷却转变两种方法（见图4-2）。

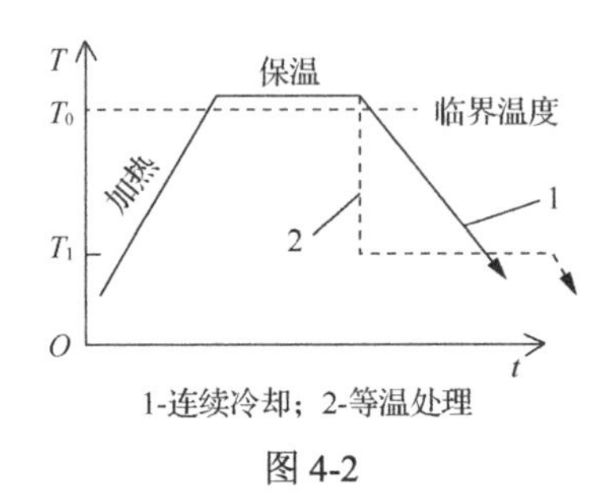

1-连续冷却；2-等温处理

图4-2

4．共析钢等温转变

共析钢等温转变产物的显微组织特征及性能特点见表4-1。

表4-1　共析钢等温转变产物的显微组织特征及性能特点

组织名称	珠光体	索氏体	屈氏体	上贝氏体	下贝氏体	低碳马氏体	高碳马氏体
组织符号	P	S	T	$B_{上}$	$B_{下}$	M	M
形成温度（℃）	650～A_1	600～650	550～600	350～550	M_s～350	M_f～M_s	M_f～M_s
显微特征	粗片层状铁素体和渗碳体	细片状铁素体和渗碳体	级细片状铁素体和渗碳体	粗片状渗碳体分布于平行铁素体之间，呈羽毛状	渗碳体呈细小颗粒或短杆均匀分布与铁素体中。呈黑色针叶状	平行细条状，呈板条状	呈针状
性能特点	有较好的综合力学性能	综合力学性能优于珠光体	综合力学性能优于素氏体	强度低，塑性很差，无使用价值	有较高的强度良好的塑性和韧性	有良好的强度和较好的塑性	硬度高，脆性大
硬度	170～220HBW	230～320HBW	330～400HBW	40～45HRC	45～55HRC	可达45HRC	60HRC以上

三、常用的普通热处理方法

常用的普通热处理方法见表4-2。

表4-2　常用的普通热处理方法

热处理方法	完全退火	球化退火	去应力退火	正火
实际应用	中碳钢及低、中碳含金结构钢	共析钢、过共析钢，碳素工具钢、合金工具钢、滚动轴承钢	消除工件内应力，锻造、铸造、焊接件及精度要求高的工作	低、中碳钢代替退火，高碳过共析钢中有网状渗碳体

续表

热处理方法	完全退火	球化退火	去应力退火	正火
应用列举	45、40Cr、20CrMnTi	T10A、CrWMn、9SiCr、GCr15	各类钢	T12A、CrWMn、9SiCr、GCr15
加热温度	A_{c3}以上30～50℃	A_{c1}以上20～30℃	A_{c1}以下	A_{c3}或A_{ccm}以上30～50℃
冷却方式 冷却速度	随炉缓慢冷却	以不大于50℃/h炉冷	缓慢随炉或坑冷	空气中冷却
组织特点	细小均匀铁素体和珠光体	球状珠光体（细小颗粒渗碳体弥散分布在铁素体基体上）	无组织变化	获得索氏体（细珠光体）
处理目的	除内应力、降低硬度，为切削加工、淬火做组织准备	降低硬底，细化组织，便于切削加工	消除内应力，防止工件变形与开裂	除内应力、降低硬度，为切削加工、淬火做组织准备

1．退火

（1）定义：将钢加热到适当温度，保持一定时间，然后缓慢冷却（一般随炉冷却）的热处理工艺。

（2）退火的目的。

① 降低钢的硬度，提高塑性，以利于切削加工和冷变形加工。

② 细化晶粒，均匀钢的组织成分，改善钢的性能或为以后热处理做准备。

③ 消除钢中残余内应力，以防止变形和开裂。

（3）常用的退火方法。

① 完全退火。

② 球化退火。

③ 去应力退火。

2．正火

（1）定义：将钢加热到A_{c3}或A_{ccm}以上30～50℃，保温适当的时间，在空气中冷却的热处理工艺。

（2）正火的目的：与退火的目的基本相同。

（3）正火的应用。

① 改善低碳钢和低碳合金钢的切削加工性。

② 细化晶粒，其组织力学性能较高，当力学性能要求不太高时，正火可作最终热处理。

③ 消除过共析钢中的网状渗碳体，改善钢的力学性能，并为球化退火作组织准备。

④ 代替中碳钢和低碳合金结构钢的退火，改善它们的组织结构和切削加工性能。

3．淬火

（1）定义：将钢加热到A_{c3}或A_{c1}以上某一温度，保温后快速冷却（冷却速度大于$V_{临}$），以获得马氏体或下贝氏体组织的热处理工艺。

（2）淬火的目的：①获得马氏体；②提高钢的强度；③硬度和耐磨性。

（3）淬火方法：①单液淬火；②双介质淬火；③马氏体分级淬火；④贝氏体等温淬火。

（4）钢的淬透性和淬硬性。

① 淬透性：在规定条件下，钢在淬火冷却时获得马氏体组织深度的能力。它与钢的临界冷却速度有密切关系，临界冷却速度越低，钢的淬透性越好。

② 淬硬性：钢在理想条件下淬火成马氏体后所能达到的最高硬度。它取决于钢的含碳量。如低碳钢淬火的最高硬度值低，淬硬性差。

（5）淬火冷却介质：传统的冷却介质有油、水、盐水和碱水等，它们的冷却能力依次增加。其中，水和油是目前生产中应用最广的冷却介质。

4. 回火

（1）定义：将淬火后的钢，再加热到 A_{c1} 以下的某一温度，保温一定时间然后冷却到室温的热处理工艺。

（2）回火的目的：①消除内应力；②获得所需要的力学性能；③稳定组织和尺寸。

（3）回火的分类：①高温回火加热温度 500～650℃，回火后获得回火索氏体；②中温回火加热温度 350～500℃，回火后获得回火屈氏体；③低温回火加热温度 150～250℃，回火后获得回火马氏体。

（4）调质处理：调质处理是淬火及高温回火的复合热处理工艺。

四、钢的表面热处理

1. 表面热处理的目的

表面热处理的目的使零件表面具有高硬度和耐磨性，而心部有足够的塑性和韧性。

2. 常用的表面热处理方法

（1）表面淬火：仅对工件表层进行淬火的工艺。它分为火焰加热表面淬火、感应加热表面淬火两种。

（2）化学热处理：将工件置于一定温度的活性介质中保温，使一种或几种元素渗入它的表层，以改变其化学成分、组织和性能的热处理工艺。它分为渗碳、渗氮、碳氮共渗等。

（3）化学热处理都是通过分解、吸收、扩散三个基本过程完成的。

4.2 高考要求分析

高考要求：了解钢在加热和冷却时的组织在转变；了解常用表面热处理方法、目的和应用。掌握钢的退火、正火、淬火、回火等热处理方法的目的、过程和应用。

钢的热处理是金属材料与热处理这门课中的重要知识点，介绍了热处理的原理和热处理工艺，这部分知识作为重点内容频繁出现在近几年来的高考试卷中，而且所占比分较大。

试题主要以选择、填空和问答等形式出现，试卷中涉及的内容有：钢的热处理概念及热处理方法；钢在加热和冷却时组织转变；钢的退火、正火、淬火、回火、调质等热处理方法的目的、一般过程和应用，常用表面热处理的方法、目的和应用。

4.3　高考试题回顾

1.（2003 年高考题）低碳钢硬度偏低，切削时容易粘刀，需要用退火来改善其切削加工性。(　　)

2.（2003 年高考题）钢的淬硬性是指钢淬火能达到的__________，它主要取决于______________。

3.（2003 年高考题）调质处理就是_______________加____________的热处理工艺。

4.（2004 年高考题）正火能消除过共析钢中的网状渗碳体，改善钢的力学性能。(　　)

5.（2004 年高考题）钢的淬透性取决于钢的__________，合金钢的铬元素能__________（填“提高”或“降低”）其淬透性。

6.（2004 年高考）______________回火主要用于弹性零件及热锻模具等，以提高其弹性极限、屈服强度等力学性能。

7.（2004 年高考题）用 20CrMnTi 材料制造齿轮，加工工艺路线如下。

备料→锻造→热处理1→机械加工→化学热处理2→热处理3→喷丸→校正花键孔→磨齿

根据工艺路线，完成表 4-3 以及问题。

表 4-3　　题 7 表

代号	工序名称	作用
热处理 1		
化学热处理 2		
热处理 3		

以上工艺路线中的化学热处理 2 是通过____________、____________和____________三个基本过程来完成的。

8.（2005 年高考题）以下几种热处理工艺中，________的主要目的是为了获得马氏体，以提高钢的强度和硬度。

A．淬火　　B．正火　　C．退火　　D．回火

9.（2005 年高考题）生产中常把淬火及低温回火的复合热处理工艺称为调质。(　　)

10.（2005 年高考题）热处理工艺一般都由加热、__________和__________三个阶段所组成的。

11.（2005 年高考题）钢的常用表热处理方法有_______________和____________两种。

12.（2006 年高考题）淬火钢中温回火后得到的组织是回火托氏体。(　　)

13.（2009 年高考题）有一批材料为 40Cr 的轴，在生产中不慎将热处理后的正火件与调质件弄混，可用测量硬度的方法来区分。这是因为：

（1）正火件获得的组织为________，是铁素体和渗碳体的______状组织，其硬度较______；

（2）调质处理是指_______和_______的复合热处理，调质件获得的组织为_______，是铁素体和渗碳体的_______状组织，其硬度较_______。

14.（2010年高考题）一般来说，回火钢的性能只与__________有关。

A. 含碳量　　B. 加热温度　　C. 冷却速度　　D. 保温时间

15.（2010年高考题）为了消除高碳钢的网状渗碳体，常采用________热处理工艺，为了消除锻造时的内应力，常采用________热处理工艺。

16.（2011年高考题）过共析钢的淬火加热温度应选择在________以上30～50℃。

A. A_{c1}　　B. A_{c3}　　C. A_{ccm}　　D. A_{cm}

17.（2011年高考题）采用感应加热表面淬火，为了获得较小的淬硬层深度，一般采用_______频感应加热；为了获得较大的淬硬层深度，一般采用_______频感应加热。

18.（2011年高考题）图4-3为共析钢的等温转变 C 曲线图，试回答下列问题。

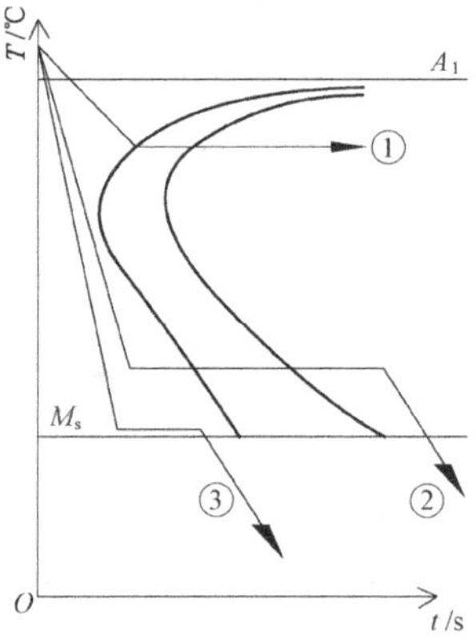

图4-3

（1）在 A_1～550℃温度范围内，冷却曲线①转变的产物是________，其力学性能主要取决于______________的大小。

（2）钢淬火时为了保证获得马氏体组织，并使淬火应力最小，在C曲线“鼻尖”附近冷却速度要_____，在 M_s 线附近冷却速度要_______。（填“快”或“慢”）

（3）在350℃～M_s 范围内，冷却曲线②转变的产物是下贝氏体，其组织内的铁素体呈_________状。

（4）冷却曲线③表示马氏体分级淬火，转变的产物是马氏体，其晶格类型为_______晶格，该淬火方法常用于临界冷却速度较_________（填“大”或“小”）合金钢工件。

（5）若冷却曲线③的水平部分位于稍低于 M_s 的位置，与图示位置的淬火效果_______。（填“相同”或“不相同”）

19.（2015年高考题）淬火后导致工件尺寸变化的根本原因是______。

A. 内应力　　B. 工件结构　　C. 工件材料　　D. 加热温度

20.（2015年高考题）马氏体是碳在_____________中的过饱和固溶体，它的组织形态有_____________和_____________两种。

21.（2015年高考题）用材料为20钢制作 $\Phi20$ 导柱，导柱工作时要求耐磨，并能承受冲击，导柱表面硬度HRC55-58，结合铁碳合金状态图和热处理知识，试回答下列问题。

（1）导柱以很慢的加热速度被加热到 A_3 线上20～30℃，保温足够时间后，此时导柱的组织是_______；导柱若以很慢的冷却速度冷却到室温时，导柱的组织是珠光体和_______。

（2）若制造导柱的毛坯为锻件，为改善导柱的切削加工性能，导柱应进行______热处理，此时导柱的组织为________。

（3）为保证导柱表面硬度，导柱应进行________、_________和__________，此时导柱表面的组织为________。

22.（2016年高考题）钢等温转变时，形成贝氏体的温度范围是________。

A．M_s～M_f　　B．550℃～M_s　　C．A_1线～550℃　　D．A_1线以上

23.（2016年高考题）如果材料为42CrMn齿轮轴，表面淬硬层深度为0.5，硬度为，则应选择的热处理方法是_____________。

A．感应加热表面淬火+回火　　B．渗碳+淬火+回火

C．碳氮共渗　　D．渗氮

24.（2016年高考题）材料为40钢工件，被加热到A_{C3}线上30～50℃，保温足够时间后，回答下列问题。

（1）如果工件以空冷的冷却速度冷却到室温，此时工件的组织是________，此热处理工艺一般称为 _____。

（2）工件以水冷的冷却速度冷却到室温，此时工件的组织是_____；若工件再加热到500～650℃，保温足够的时间后再冷却到室温，此时工件的组织是___________；此热处理工艺在生产中一般称为______。

（3）在以上三个组织中，硬度最高的组织是_______，强度最大的组织是___________，塑性最好的组织是________。

25.（2017年高考题）钢的淬硬性是指钢在理想的淬火条件下，获得_______后所能达到的最高硬度，他主要取决于________含碳量。

26.（2017年高考题）结合零件使用要求和选用材料的性能，填写表格4-4。

表4-4　　题26表

零件名称	零件材料	零件毛坯	预备热处理	最终热处理	最终组织
机床齿轮轴	40Cr	锻件	正火		
弹簧	65Mn	型材	退火	淬火+中温回火	回火托氏体
滚动轴承	GCr15	锻件			
汽车变速齿轮	20CrMnTi	锻件			

27.（2018年高考题）含碳量为0.9%的合金工具钢，A_{c1}为740℃，A_{ccm}为870℃，此钢正火温度范围是__________。

A．727～740℃　　B．770～790℃　　C．790～870℃　　D．900～920℃

28.（2018年高考题）分析图4-4中四种热处理工艺曲线，回答下列问题。

（1）图4-4中M_s线以下未转变的奥氏体称为___________。

（2）工艺曲线①为________淬火；工艺曲线③为 ________淬火。

（3）共析钢的过冷奥氏体在A_1至550℃温度范围内将发生奥氏体向________转变，其力学性能主要取决于___________间距的大小。

（4）用T12材料分别制造丝锥、钻头，并分别按工艺曲线②和工艺曲线④进行淬火+低

温回火，则硬度高的是 ______，韧性好的是________ ，变形小的是 ___________。（填写“丝锥”或“钻头”）

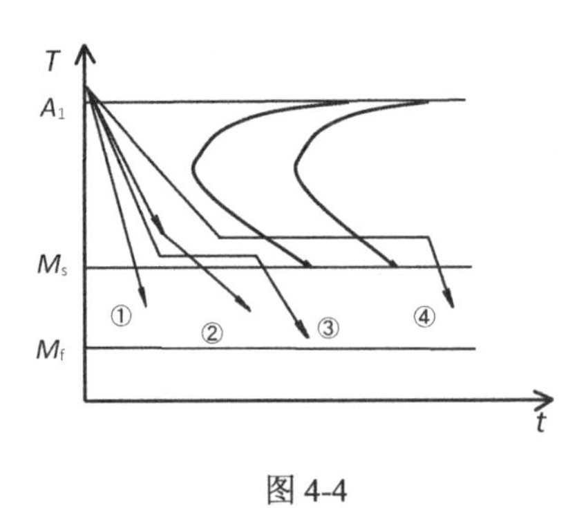

图 4-4

4.4　典型例题解析

【例 1】表面淬火主要用于（　　）。

A．高碳钢　　　　B．中碳钢　　　　C．低碳钢　　　　D．铸铁

【解析】表面淬火是表面热处理的方法之一，它是仅对工件表层进行淬火的热处理工艺，表面淬火主要用于中碳钢、中碳合金钢等。

【答案】B

【例 2】为改善 20 钢的切削加工性能，常采用球化退火。（　　）

【解析】退火常用的方法有完全退火、球化退火和去应力退火等几种，其中球化退火适用于共析钢和过共析钢，而 20 钢的含碳量为 0.20%，属于亚共析钢，所以不能采用球化退火。

【答案】×

【例 3】某齿轮选用 20CrMnTi 的锻件毛坯，热处理技术条件如下。

齿面硬度为 58～62HRC，心部硬度为 33～48HRC。

生产过程中，齿轮加工工艺路线如下。

备料⟶锻造⟶热处理1⟶机械加工⟶热处理2⟶热处理3⟶喷丸⟶校正花键孔⟶磨齿

试回答下列问题。

（1）热处理 1 是______________，其目的主要是为了消除毛坯锻件的_____________，降低______________，以改善______________。

（2）热处理 2 是_________________________。

（3）热处理 3 是_________________________。

（4）钢 20CrMnTi 是一种_________________钢，加入铬、锰等合金元素可以提高钢的________________，加入钛等合金元素可以________________。

【解析】（1）根据工艺路线编制规律，毛坯锻造后，切削加工之前为了消除毛坯的锻造应力，降低硬度，改善切削加工性，一般应安排正火处理。

（2）20CrMnTi 属于低碳合金钢，其含碳量仅为 0.20%，要达到齿面有较高的硬度而心部具有良好的塑性和韧性的热处理技术要求，则需要先进行渗碳处理以提高其表面的含碳量，改

变轮坯表面的化学成分。

（3）要达到要求的热处理技术条件，则渗碳后必须进行热处理，常用的是淬火后低温回火。

（4）20CrMnTi 属于合金渗碳钢，加入铬、锰等元素可以提高钢的淬透性，加入钛等元素防止在高温长时间渗碳过程中防止晶粒长大。

【答案】（1）正火　内应力　硬度　切削加工　（2）渗碳　（3）淬火+低温回火　（4）合金渗碳钢　淬透性　防止晶粒长大。

4.5　高考模式训练 A

一、单项选择题（共 15 小题，每小题 1 分，共 15 分）

1．绝大部分重要的机械零件在制造过程中都必须进行________。

A．车削加工　B．铣削加工　C．锉削加工　D．热处理

2．下列工艺过程中只改变工件的性能，不改变形状与尺寸的是________。

A．锻压加工　B．焊接加工　C．热处理　D．切削加工

3．属于表面热处理的是________。

A．退火　B．渗碳　C．正火　D．回火

4．热处理使钢性能发生变化的根本原因是由于铁有________的特性。

A．磁性　B．固溶强化　C．同素异构转变　D．易生成碳化物

5．只有使钢呈________状态，才能通过不同的冷却方式使其转变为不同的组织，从而获得所需要的性能。

A．奥氏体　B．铁素体　C．低温莱氏体　D．珠光体

6．在热处理时，将共析钢加热到________以上温度，才开始转变为奥氏体。

A．A_{ccm}　B．A_{c3}　C．A_{c1}　D．A_{r3}

7．钢在热处理工艺过程中加热的目的是为了得到细小而均匀的________晶粒。

A．珠光体　B．奥氏体　C．铁素体　D．莱氏体

8．在 A_1 线以下的奥氏体是________。

A．过冷奥氏体　B．残余奥氏体　C．过热奥氏体　D．稳定奥氏体

9．共析钢等温转变如果在 M_s 线以上，可发生________转变。

A．珠光体或索氏体　B．索氏体或屈氏体

C．屈氏体或上贝氏体　D．珠光体型或贝氏体型

10．珠光体的力学性能主要取决于相邻________片层间距的大小。

A．铁素体　B．马氏体　C．渗碳体　D．莱氏体

11．珠光体、索氏体和屈氏体本质上都是由________片层相间构成的。

A．铁素体+奥氏体　B．奥氏体+渗碳体　C．贝氏体+渗碳体　D．渗碳体+铁素体

12．组织①珠光体、②下贝氏体、③屈氏体、④索氏体，硬度由高到低顺序正确的是________。

A．①-②-③-④　B．②-①-③-④　C．③-①-④-②　D．②-③-④-①

13．下列组织中渗碳体成细小颗粒状或短杆状的是________。

A．珠光体　　B．索氏体　　C．屈氏体　　D．下贝氏体

14．下列组织综合力学性能最好的是________。

A．奥氏体　　B．屈氏体　　C．索氏体　　D．珠光体

15．下列显微组织形状呈板条状的是________。

A．上贝氏体　　B．下贝氏体　　C．低碳马氏体　　D．高碳马氏体

二、填空题（每空1分，共7分）

1．热处理一般分为___________和表面热处理。

2．钢在加热时的组织转变，主要包括奥氏体晶粒的__________和晶粒__________两个过程，而奥氏体晶粒总是先在渗碳体与铁素体的___________处形成。

3．在热处理工艺过程中保温的目的不仅是为了使__________________，也是为了使__________，以及保证奥氏体成分_____________。

三、分析题（每空1分，共8分）

图4-5（a）～图4-5（d）为共析钢在加热时组织的转变图。回答以下问题。

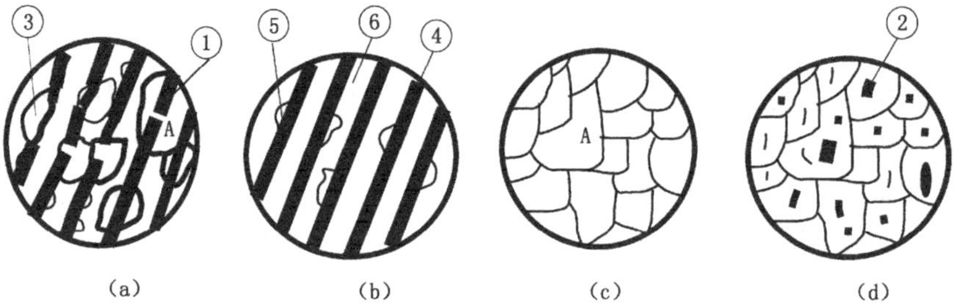

(a)　(b)　(c)　(d)

图4-5

1．根据变化规律，其先后顺序是_____________________。

2．填写图 4-5 中组织②_____________、③_____________、④_____________、⑥___________。

3．为何⑤组织是在④和⑥界面首先形成的原因是_________________________。

4．图______称为奥氏体形核阶段，图_____称为奥氏体晶核长大阶段。

4.6　高考模式训练B

一、单项选择题（共15小题，每小题1分，共15分）

1．共析钢在A_1至650℃之间等温转变产物的显微组织特征是________。

A．细片状　　B．粗片层状　　C．极细片状　　D．羽毛状

2．共析钢在________℃等温转变得到屈氏体组织。

A．650～600　　B．600～550　　C．A_1～650　　D．550～350

3．共析钢等温转变时得到的下贝氏体组织特征是________。

A．板条状　　B．黑色针叶状　　C．羽毛状　　D．细片状

4．下列组织综合力学性能最好的是________。

A．S　　B．P　　C．T　　D．M

5．下列组织硬度最高的是________。

A．T　　B．S　　C．$B_{下}$　　D．M

6．制造各种复杂模具、量具、刀具的理想组织是________。

A．M　　B．A　　C．C_m　　D．$B_{下}$

7．下列组织晶格类型与铁素体晶格类型相同的是________。

A．马氏体　　B．奥氏体　　C．屈氏体　　D．莱氏体

8．在 M_s 线以下存在的奥氏体是________。

A．过冷奥氏体　　B．残余奥氏体　　C．过热奥氏体　　D．稳定奥氏体

9．马氏体的硬度主要取决于马氏体的________。

A．晶体结构　　B．晶粒大小　　C．晶格类型　　D．含碳量

10．碳化物形状呈细小颗粒状的是________。

A．珠光体　　B．屈氏体　　C．下贝氏体　　D．上贝氏体

11．在实际生产中，钢的热处理工艺有两种冷却方法是________。

A．连续冷却和等温冷却　　B．连续处理和等温冷却

C．连续冷却和等温处理　　D．连续冷却和等温处理

12．下列组织中脆性很大、强度低、塑性很差，在实际生产中基本没有使用价值的是________。

A．索氏体　　B．屈氏体　　C．高碳马氏体　　D．上贝氏体

13．下列组织形成时通过非扩散转变而成的是________。

A．马氏体　　B．奥氏体　　C．铁素体　　D．珠光体

14．下列组织为含碳量具有一定饱和程度的铁素体和分散的渗碳体组成的组织是________。

A．珠光体　　B．索氏体　　C．屈氏体　　D．贝氏体

15．在共析钢等温转变 *C* 曲线中，组织形成温度最低的是________。

A．珠光体　　B．马氏体　　C．屈氏体　　D．下贝氏体

二、填空题（每空1分，共7分）

1．由750℃的高温奥氏体转变为20℃的马氏体时体积会____________。

2．钢由奥氏体区急速冷却到 M_s 以下温度时，其晶格类型由__________________转变为________________。在等温转变C曲线图中，形成马氏体的温度范围是________________。

3．在等温转变 *C* 曲线图中，A_1 线以上的组织是_____________，在曲线 *aa'* 与曲线 *bb'*

之间的区域是＿＿＿＿＿＿＿＿＿，曲线 bb' 右边的区域是＿＿＿＿＿＿＿＿＿。

三、分析题（每空1分，共8分）

图4-6为用共析钢等温转变 C 曲线图来分析连续冷却转变产物。回答以下问题：

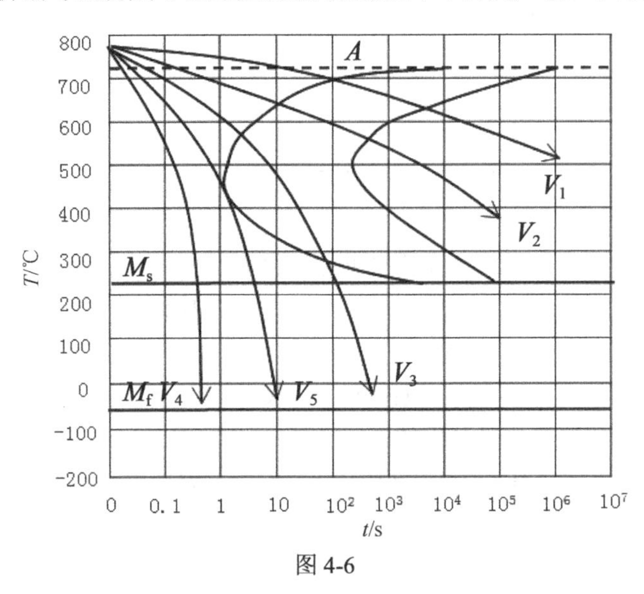

图4-6

1．V_1 是随炉冷却（退火）获得组织是＿＿＿＿＿＿＿，V_2 是空冷（正火）获得组织是＿＿＿＿＿＿＿，V_4 是水冷（水冷淬火）获得组织是＿＿＿＿＿＿＿。

2．从图中看 V_5 冷却曲线与 C 曲线相切，该冷却速度是该钢的＿＿＿＿＿＿＿，如冷却速度大于等于该冷却速度时，转变产物是＿＿＿＿＿＿＿＿。

3．M_s 的含义是＿＿＿＿＿＿＿＿＿＿＿＿＿＿＿，M_f 的温度是＿＿＿＿＿。

4．在 M_s 与 M_f 之间存在的组织有＿＿＿＿＿＿＿＿。

4.7　高考模式训练C

一、单项选择题（共15小题，每小题1分，共15分）

1．不宜使用完全退火热处理的钢是＿＿＿＿。

A．45　　B．20CrMnTi　　C．T12A　　D．40Cr

2．通过热处理后将片层状珠光体转变为呈球形细小颗粒的渗碳体，弥散分布在铁素体基体中的是＿＿＿＿。

A．正火　　B．球化退火　　C．完全退火　　D．淬火

3．热处理后不发生组织变化的是＿＿＿＿。

A．淬火　　B．正火　　C．回火　　D．去应力退火

4．热处理加热温度最高的是________。

A．完全退火　B．正火　C．球化退火　D．去应力退火

5．钢淬火后获得组织的是________。

A．$M_{回}$　B．S　C．M　D．T

6．淬火冷却速度最快的是________。

A．碱水　B．盐水　C．水　D．油

7．形状复杂的中小型合金钢零件的淬火介质选________。

A．碱水　B．盐水　C．水　D．油

8．丝锥在淬火冷却时采用________。

A．单液淬火　B．双介质淬火　C．马氏体分级淬火　D．贝氏体等温淬火

9．马氏体分级淬火时首先将钢件处于 M_S 点附近冷却后取出在________中冷却。

A．水　B．空气　C．油　D．盐水

10．钢的淬透性取决于该钢的________。

A．含碳量　B．含硅量　C．临界冷却速度　D．含锰量

11．碳素工具钢、合金工具钢、滚动轴承钢在锻造后必须进行________才适合于切削加工。

A．完全退火　B．正火　C．球化退火　D．去应力退火

12．锻造、铸造、焊接以及切削加工精度要求高的工件，防止加工及使用过程中发生变形，应该进行________。

A．完全退火　B．正火　C．回火　D．去应力退火

13．经过热处理后获得索氏体组织的是________。

A．完全退火　B．正火　C．淬火后高温回火　D．去应力退火

14．高碳过共析钢中的网状渗碳体可以通过________热处理消除，为球化退火做组织准备。

A．完全退火　B．正火　C．淬火后高温回火　D．去应力退火

15．下列热处理工艺过程中，冷却速度最慢的是________。

A．完全退火　B．正火　C．球化退火　D．淬火

二、填空题（每空 1 分，共 7 分）

1. 过共析钢中有网状渗碳体时应先进行____________处理，再进行球化退火预备热处理。

2. 淬火常常是决定产品最终__________的关键，淬火冷却速度必须大于_____________，冷却介质对钢的理想冷却速度是________________。

3．合金钢的淬透性一般比碳钢______，淬火时发生过热可以通过___________处理予以补救，淬火时硬度不足可进行一次退火或正火处理，再______________处理。

三、分析题（每空 1 分，共 8 分）

图 4-7、图 4-8 为钢的两种淬火热处理方法。回答以下问题。

图 4-7　　图 4-8

1．图 4-7 是＿＿＿＿＿＿＿＿淬火，图 4-8 是＿＿＿＿＿＿＿＿淬火。

2．图 4-7、图 4-8 中直线 *AC* 表示是零件的＿＿＿＿＿＿＿＿，直线 *AB* 表示是零件的＿＿＿＿＿＿＿＿。

3．图 4-7、图 4-8 中直线 *BC* 在此处零件的组织是＿＿＿＿＿，图 4-8 中直线 12 表示＿＿＿＿＿＿。

4．图 4-7 中冷却到 *E*、*F* 点组织是＿＿＿＿，图 4-8 中冷却到 *E*、*F* 点组织是＿＿＿＿。

4.8　高考模式训练 D

一、单项选择题（共 10 小题，每小题 1.5 分，共 15 分）

1．热处理过程中将钢加热到 A_{C1} 以下温度的是＿＿＿＿。

A．正火　B．淬火　C．完全退火　D．回火

2．刀具、量具、冷冲模具以及要求高硬度、高耐磨的零件最终热处理需要＿＿＿＿。

A．正火　B．球化退火　C．低温回火　D．淬火

3．重要的受力复杂结构零件一般均采用＿＿＿＿热处理。

A．调质　B．正火　C．表面淬火　D．渗碳

4．低温回火温度是＿＿＿＿。

A．80～200℃　B．200～300℃　C．150～250℃　D．350～400℃

5．钢淬火低温回火后获得的组织是＿＿＿＿。

A．$M_{回}$　B．$S_{回}$　C．M　D．$T_{回}$

6．具有良好的综合力学性能的零件，硬度一般为＿＿＿＿ HBW。

A．150～200　B．200～330　C．330～430　D．430～500

7．回火索氏体的组织特征是＿＿＿＿。

A．渗碳体与铁素体的细片层状混合物

B．细粒状弥散分布的渗碳体在细晶粒铁素体基体上的混合物

C．渗碳体与铁素体的粗片层状混合物

D．回火马氏体与残余奥氏体的混合物

8．可以使零件达到“外硬内韧”的热处理是________。

A．渗碳　　B．淬火后高温回火　　C．表面淬火　　D．冷处理

9．一般表面淬火冷却介质为________。

A．水　　B．空气　　C．油　　D．熔化盐

10．表面淬火只适用于________零件表面热处理。

A．中碳钢　　B．优质钢　　C．高碳钢　　D．合金钢

二、填空题（每空1分，共7分）

1．感应加热表面淬火淬硬层深度控制需调整电流____________来控制加热的深度。

2．渗碳的零件必须用__________或__________制造，零件渗碳后需要进行__________热处理。

3．为提高38CrMoAlA零件防止水、蒸汽、碱性溶液的腐蚀，可以__________处理，渗碳层深度主要取决于_____________，软氮化常用于处理模具、量具和_________等。

三、分析题（每空1分，共8分）

汽车变速齿轮选用20CrMnTi的锻件制造，热处理条件如下。

齿面渗碳层深度：0.8～1.3mm，齿面硬度58～62HRC，心部硬度为33～48HRC，生产工艺路线是：备料→锻造→热处理1→机械加工→热处理2→热处理3→喷丸→校正花键孔→磨齿。回答以下问题。

1．20CrMnTi属于______________钢，热处理1选用______________。

2．热处理2选用___________________，热处理2属于______________热处理。

3．热处理3选用____________________，在热处理3工艺中，第一阶段冷却介质选用____________________，第二阶段冷却介质选用____________________。

4．经过热处理3后齿轮表面组织是______________。

4.9 测试A

（满分100分，时间90分钟）

一、填空题（每空1分，共20分）

1. 钢的热处理是将固态金属或合金采用适当方式进行__________、__________和__________以获得所需要的组织结构与性能的工艺。

2. 钢在加热和冷却时，组织转变总有__________现象，加热时__________，而在冷却时__________相图的临界点。

3. 在热处理工艺中，采用__________和__________两种冷却方式。

4. 预备热处理包括有__________、__________和调质等。

5. 淬火的主要目的是为了获得__________，提高钢的__________、__________和__________。

6. 常用的淬火方法有单液淬火、__________、__________和__________四种。

7. 淬透性与淬硬性是不同的两个概念。钢的淬透性与钢的__________有密切关系；钢的淬硬性主要取决于钢的__________。

8. 最常用、最常见的化学热处理方法是__________。

二、选择题（将正确的选项填入空格中，每题1分，共20分）

1. 在热处理工艺中，钢的加热是为了获取________。

   A. 铁素体　　B. 奥氏体　　C. 渗碳体　　D. 珠光体

2. 过冷奥氏体是________温度以下存在，尚未转变的奥氏体。

   A. M_s　　B. M_f　　C. A_1　　D. 共晶

3. 一般所说“氰化”处理是指________处理。

   A. 渗碳　　B. 渗氮　　C. 碳氮共渗　　D. 表面处理

4. 表面淬火主要适用于________。

   A. 高碳钢　　B. 中碳钢　　C. 低碳钢　　D. 铸铁

5. 为了改善低碳钢的切削加工性能，常采用________处理。

   A. 正火　　B. 退火　　C. 淬火　　D. 调质

6. 工件经过________处理后不用淬火就可以得到高的硬度。

   A. 渗碳　　B. 渗金属　　C. 碳氮共渗　　D. 渗氮

7. 钢的淬火加热温度可根据________来选择。

   A. C曲线　　B. Fe-Fe_3C相图　　C. M_s线　　D. M_f线

8. 钢在加热时，判断过烧现象的依据是________。

   A. 表面氧化　　B. 奥氏体晶界发生氧化或熔化

   C. 奥氏体晶粒粗大　　D. 表面脱碳

9．化学热处理与其他热处理方法的基本区别是________。

A．加热温度　　B．组织变化

C．改变表面化学成分　　D．冷却温度

10．在过冷奥氏体等温转变图的“鼻尖”处，孕育期最短，因此该温度下________。

A．过冷奥氏体稳定性最好，转变速度最慢

B．过冷奥氏体稳定性最差，转变速度最快

C．过冷奥氏体稳定性最好，转变速度最快

D．过冷奥氏体稳定性最差，转变速度最慢

11．淬火后导致工件尺寸变化的根本原因是________。

A．内应力　　B．相变　　C．工件结构设计　　D．工件的原始材料

12．用 45 钢制造的凸轮，要求凸轮表面很硬，心部具有良好的韧性，应采用________热护理。

A．渗碳+淬火+低温回火　　B．表面淬火+低温回火

C．氰化处理　　D．调质处理

13．为了消除过共析钢中的网状渗碳体，并为球化退火准备，常用________处理。

A．正火　　B．退火　　C．淬火　　D．调质

14．调质处理是________的热处理。

A．淬火+低温回火　　B．淬火+中温回火

C．淬火+高温回火　　D．渗碳+淬火+低温回火

15．牌号为 45 钢正常的淬火组织是________。

A．马氏体　　B．马氏体+铁素体

C．马氏体+渗碳体+回火托氏体　　D．奥氏体

16．调质处理后的组织是________。

A．回火马氏体　　B．回火索氏体　　C．回火屈氏体　　D．马氏体

17．用 T12 钢制造的锉刀，为改善其切削加工性能，在毛坯锻造后常进行________处理。

A．完全退火　　B．球化退火　　C．调质　　D．去应力退火

18．低合金刃具钢淬火后应进行________。

A．低温回火　　B．中温退火　　C．高温回火　　D．去应力退火

19．奥氏体等温转变产物的组织中，晶粒最粗大的是________。

A．珠光体　　B．索氏体　　C．屈氏体　　D．马氏体

20．火焰加热表面淬火所用的可燃气体是________。

A．氢气　　B．天然气　　C．沼气　　D．乙炔气

三、选择填空题（将正确的内容填入空格中，每题 1 分，共 20 分）

1．淬透性好的钢，淬火后其硬度_____（一定、不一定）高。

2．钢实际加热时组织转变的临界点总是_______（低于、高于）相图上的临界点。

3．在去应力退火过程中，钢的组织_____（不发生、发生）变化。

4．钢加热温度越高，保温时间越长，奥氏体晶粒越___（细小、粗大）。

5．在共析温度以下存在的奥氏体称为_______（残余、过冷）奥氏体。

6．对于淬透性差的碳钢零件，调质处理一般安排在______（粗加、精加工）工之前。

7．感应加热表面淬火中，淬硬层深度与电流频率成________（正比、反比）。

8．回火后有些钢在 538℃以上冷却时其韧性会降低，可采用加热后______（快冷、缓冷）的方法。

9．淬火后的钢，回火温度越高，其强度和硬度越_____（高、低）。

10．淬透性取决于钢的_______（临界冷却速度、含碳量）。

11．T12A 钢制造的零件_______（不需要、需要）渗碳。

12．零件渗碳后不进行后续热处理，______（不能、可以）获得高的硬度。

13．低碳钢淬火的最高硬度_____（低、高）。

14．钢的最高淬火硬度主要取决于钢中_____（奥氏体、铁素体）的含碳量。

15．高碳钢可用_____（正火、调质）代替退火改善其切削性能。

16．正火能消除过共析钢中的_______（网状、片状）渗碳体，改善钢的力学性能。

17．零件渗氮后______（不需要、需要）淬火，其表面获得很高的硬度和耐磨性。

18．去应力退火温度______（低于、高于）A_1。

19．渗碳钢零件必须用低碳钢或______（低碳、中碳）合金钢来制造。

20．钢在淬火热处理时______（过热、过烧）可以用正火处理来纠正。

四、综合题（本题共 4 小题，共 40 分）

1．（8 分）回答以下问题。

（1）淬火钢回火的目的是消除________________，获得所需要的______________，稳定_______。

（2）淬火钢回火时组织的转变可以分为以下四个阶段_____________、_____________、_____________和_____________。

（3）一般来说，回火钢的性能只与______________有关，而与________________无关。

2．（9 分）填写钢回火的类型并完成表 4-5。

表 4-5　　题 2 表

回火类型	回火温度	回火后的组织

3．（18 分）根据图 4-9 中退火和正火的加热温度范围及加热工艺曲线，回答以下问题。

（1）曲线 *a* 为______________，其主要用于______________及______________钢的锻件、铸件等。

（2）曲线 *b* 为______________，其适用于_________________。

（3）曲线 *c* 为______________，只是消除_________________。

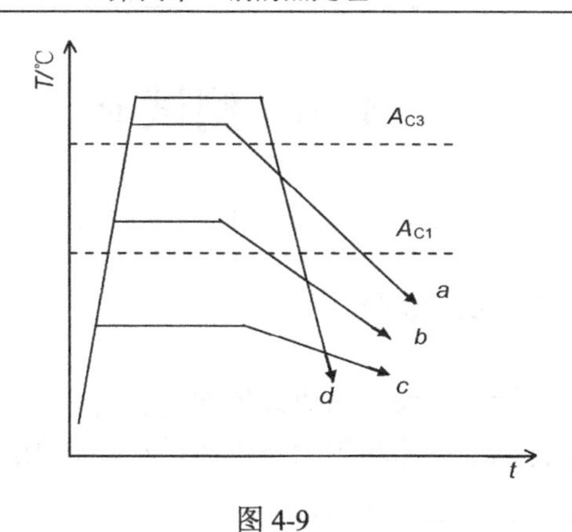

图 4-9

（4）曲线 d 为____________，高碳的过共析钢经 d 方法处理消除了____________。

① 改善________________________；

② 细化________________________；

③ 消除________________________；

④ 代替________________________，改善________________________。

（5）正火与退火的目的基本__________，但______________的冷却速度稍快些。

（6）正火钢、退火钢、调质钢之间的强度比较：

_______________强度大于_______________强度大于_______________。

4.（5 分）钢在淬火时向马氏体转变过程中，其主要特点如下。

（1）钢冷却到 M_S 以下时奥氏体转变为马氏体，只有 __________ 向 __________ 的晶格改变，不发生碳原子扩散。

（2）马氏体晶格为碳原子位于晶格间隙位置的 ____________ 晶格。

（3）马氏体转变是在 ____________________ 过程中进行的，马氏体数量随温度下降而不断增多，若冷却停止，则转变也停止。

（4）马氏体转变速度_______________。

4.10 测试B

（满分100分，时间90分钟）

一、填空题（每空1分，共20分）

1．钢在加热时的组织转变主要包括奥氏体的____________和____________两个过程。

2．钢在加热时为了得到细小而均匀的奥氏体晶粒，必须严格控制加热温度和保温时间，以免发生____________________现象。

3．冷却到A_1线以下不稳定的奥氏体称为_______________。

4．珠光体的性能主要取决于___________________的大小。

5．碳在α-Fe中的过饱和固溶体称为____________，符号用____________表示。

6．退火是指将钢加热到适当温度，保持一定时间，然后______________的热处理工艺。

7．对于亚共析钢正火的主要的是____________________，________________，提高机械性能。

8．金属材料最适合的切削加工硬度约在________________HBW。

9．热处理工艺过程中最重要、也最复杂的一种工艺是____________，因为它的速度很快，容易造成工件变形与开裂。

10．传统的淬火冷却介质有___________、_________、盐水和碱水等。它们的冷却能力依次__________。

11．将钢奥氏体化后，先在水中冷却后再油中冷却的操作方法叫________________。

12．在淬火热处理过程中产生的________________是造成工件变形和开裂的主要原因。

13．回火是将淬火后的钢再加热到________________以下某一温度，保温一定时间，然后冷却到室温的热处理工艺。

14．调质就是____________________与____________________相结合的热处理工艺。

二、选择题（将正确的选项填入空格中，每题1分，共20分）

1．下列工艺过程不改变工件的形状和尺寸，只改变工件的性能的是_______。

A．铣削　　B．磨削　　C．抛光　　D．退火

2．属于表面热处理工艺的是_______。

A．正火　　B．淬火　　C．渗碳　　D．电镀

3．下列热处理工艺中没有组织与成分变化的一种是_______。

A．渗铝　　B．完全退火　　C．渗碳　　D．去应力退火

4．共析钢在等温转变过程中得到屈氏体的温度范围是_______。

A．650℃～A_1　　B．350～550℃　　C．600～650℃　　D．550～600℃

5．过冷奥氏体转变为马氏体的转变温度范围是_______。

A．650℃～A_1　　B．50～-230℃　　C．600～650℃　　D．550～600℃

6. 钢的淬透性主要取决于钢的________。

A. 含碳量　　B. 铁素体组织　　C. 化学成分　　D. 马氏体的量

7. 钢淬火后再回火时，如果回火温度在80～200℃之间，其组织是________。

A. $M_{回}+A_{残余}$　　B. $T_{回}$　　C. $S_{回}$　　D. $P_{回}$

8. 感应加热表面淬火如果采用工频感应加热，其加热的频率是________。

A. 200～300kHz　　B. 1～10 kHz　　C. 20-100 kHz　　D. 50Hz

9. 某传动齿轮采用20Cr钢制造，其最终热处理应为________。

A. 低温回火　　B. 淬火+中温回火

C. 渗碳+淬火+低温回火　　D. 退火

10. 下列工艺过程后，不需要淬火热处理的是________。

A. 渗氮　　B. 渗碳

C. 45钢锻件制造主轴　　D. 高速钢锻件制造刀具

11. 一般零件均以________作为热处理技术条件。

A. 强度　　B. 塑性　　C. 韧性　　D. 硬度

12. 在生产工艺过程中，需要进行球化退火的钢是________。

A. 40　　B. 55Mn　　C. T12A　　D. 08F

13. 形状复杂的中小型合金钢零件淬火介质选用________。

A. 油　　B. 碱水　　C. 盐水　　D. 水

14. 设备复杂，成本高，但易实现机械化、自动化的热处理是________。

A. 火焰加热表面淬火　　B. 感应加热表面淬火

C. 单夜淬火　　D. 去应力退火

15. 用38CrMoAlA钢制造的精密机床的丝杠，其预备热处理工艺是________。

A. 正火　　B. 调质　　C. 淬火　　D. 退火

16. 钢的淬硬性主要取决于钢的________。

A. 含碳量　　B. 铁素体组织　　C. 珠光体组织　　D. 莱氏体组织

17. 弹簧用65Mn制造，其最终热处理是________。

A. 调质　　B. 淬火　　C. 淬火+中温回火　D. 淬火+低温回火

18. 用高速钢制造的齿轮铣刀应选用________淬火。

A. 单夜　　B. 双介质　　C. 马氏体分级　　D. 贝氏体等温

19. 自行车的前后轴表面黑色，这是对轴进行过________。

A. 电镀处理　　B. 渗碳处理　　C. 涂黑处理　　D. 石墨化处理

20. 自行车前后轴之间的简易轴承钢珠需要进行________。

A. 调质　　B. 淬火　　C. 淬火+中温回火　D. 淬火+低温回火

三、选择填空题（将正确的内容填入空格中，每题1分，共20分）

1. 热处理是强化金属材料、提高产品质量和延长使用寿命的______（重要、唯一）途径。

2. 热处理工艺曲线可以用温度—________（含碳量、时间）曲线图来表示。

3. 钢在加热或冷却时的速度越大，组织转变偏离平衡临界点的程度____（越大、越小）。

4．奥氏体晶粒的长大是依靠较大晶粒吞并较小晶粒和_______（晶界迁移、位错）的方式进行的。

5．过冷奥氏体是________（不稳定、稳定）的组织。

6．通过等温转变曲线图来分析过冷奥氏体等温转变产物的组织和____（性能、含碳量）。

7．奥氏体在 550 摄氏度至 A_1 之间等温转变将转变为_____（珠光体、珠光体型）产物。

8．_____（上贝氏体、下贝氏体）的是一种黑色针叶状组织，强度、硬度很高。

9．奥氏体冷却速度只有______（低于、大于）临界冷却速度才不会产生非马氏体组织。

10．过共析钢可以进行_______（球化退火、完全退火）处理。

11．钢退火可以消除____（残余内应力、组织裂纹），防止工件变形与开裂。

12．正火的冷却速度比退火快，故正火后可以得到______（屈氏体、索氏体）。

13．正火______（不可、可以）作为最终热处理。

14．淬火工艺常常决定钢产品______（中间、最终）质量的关键之一。

15．奥氏体的晶粒粗大则淬火后马氏体的晶粒也_______（粗大、细小）。

16．淬火钢回火温度在 80～200℃时马氏体将分解为_______（回火马氏体、马氏体）以及少量残留的奥氏体。

17．亚共析钢淬火时工件过烧，是_____（铁素体、奥氏体）晶界氧化和熔化。

18．中碳钢或中碳合金钢淬火后________（高温、低温）回火具有良好的综合力学性能。

19．渗氮的钢件不宜承受集中的_____（重、轻）载荷。

20．钢的最终热处理一般安排在______（粗、半精）加工之后进行。

四、综合题（本题共 3 小题，共 40 分）

1．（16 分）汽车传动齿轮轴是由齿轮部分、花键部分和两端轴头组成。其工作条件与汽车变速齿轮相似，但光轴部分要与座体上的轴承相配合，花键轴和齿轮要承受很大的载荷。热处理技术条件是：整体调质后硬度为 220～250HBW，花键齿廓和齿轮齿廓部分硬度为 48～53HRC。该齿轮轴的加工工艺路线如下。

备料 ⟶ 机械加工1 ⟶ 热处理1 ⟶ 机械加工2 ⟶ 热处理2 ⟶ 机械加工3 ⟶ 热处理3 ⟶ 磨齿

根据以上条件回答下列问题。

（1）制造该齿轮轴应选用___________性好且具有良好___________的合金调质钢，制造该齿轮轴的材料应选_______________（40Cr、20Cr、60Si2Mn、20CrMnTi）。（3 分）

（2）在加工工艺路线中，机械加工 1 的加工方法是____________。（1 分）

（3）完成表 4-6。（12 分）

表 4-6　　题 1 表

热处理名称		热处理性质	加热温度/℃	热处理作用
热处理 1		预备热处理	812～832	
热处理 2			812～832	
热处理 3		最终热处理	760～780	

2.（12分）奥氏体以如图4-10所示四种速度冷却，回答问题。

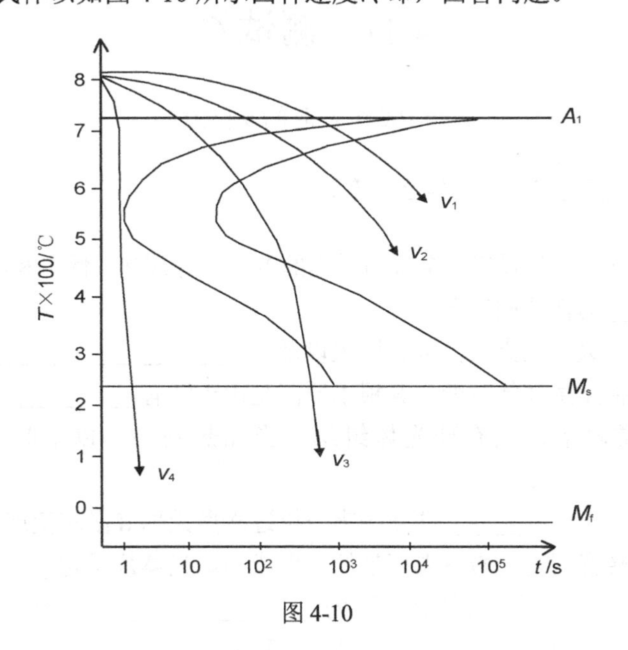

图4-10

（1）在V_1、V_2、V_3、V_4冷却速度下转变产物分别为______________、______________、______________和______________。

（2）在图中画出马氏体的临界冷却速度$V_{临}$。

（3）$V_{临}$是指____。

（4）A_1线是指____。

（5）M_S线是指____，约为______________℃。

（6）M_f线是指____，约为______________℃。在M_S线以下存在的奥氏体称为____________________。

3.（12分）填写表4-7中钢淬火后的缺陷产生原因、后果以及防止与补救方法。

表4-7　　题3表

缺陷名称	缺陷含义及产生原因	后果	防止与补救方法
氧化	钢在加热时，氧与工件表面的铁发生化学反应，形成一层松脆的氧化皮的现象		
脱碳	钢在加热时，氧与工件表面的碳与气体介质发生反应而逸出，工件表层含碳量降低的现象		
过热			
过烧			
变形与开裂			
硬度不足	淬火后工件表面未达到需要的硬度值		
软点	淬火后工件表面有许多未淬硬的小区域		

4.11　测试 C

（满分 100 分，时间 90 分钟）

一、填空题（每个空格 1 分，共 20 分）

1. 热处理就是对固体金属或合金采用适当的方式进行加热、保温和冷却，以获得所需要的__________与性能的工艺。

2. 热处理包括退火、正火、淬火、回火以及__________。

3. 热处理能使钢发生性能改变，其根本原因是由于铁有__________。

4. 共析钢在常温下，具有珠光体组织，当加热到 A_{c1} 以上时，珠光体开始转变为__________。

5. 可以通过__________曲线图来分析过冷奥氏体等温转变产物的组织和性能。

6. 在珠光体型转变区内，转变温度越低，形成的珠光体片层越__________。

7. 碳在 α-Fe 中形成的过饱和固溶体称为__________，用符号__________表示。

8. 奥氏体转变为马氏体需要的最小冷却速度称为__________。

9. 马氏体的硬度主要取决于马氏体中的含__________。

10. 在实际生产中，过冷奥氏体转变大多在__________冷却过程中进行。

11. 球化退火适用于__________和__________，消除钢中网状渗碳体组织。

12. 钢正火后得到的组织是__________。

13. 钢淬火的目的是为了获得__________组织，提高钢的__________、__________和__________。

14. 传统的淬火冷却介质有碱水、盐水、水和油，它们的冷却能力依次__________。

15. 调质就是__________。

二、选择题（将正确的选项填入空格中，每题 1 分，共 20 分）

1. 珠光体的性能主要取决于________。

A．含碳量　　B．铁素体
C．渗碳体　　D．珠光体片层间距大小

2. 退火过程中没有组织变化的退火是________。

A．完全退火　　B．球化退火　　C．退应力退火　　D．再结晶退火

3. 中碳钢完全退火后获得的组织是________。

A．铁素体+珠光体　　B．珠光体+渗碳体　　C．莱氏体+珠光体　　D．马氏体

4. 属于过饱和固溶体且组织不稳定的是________。

A．铁素体　　B．渗碳体　　C．珠光体　　D．马氏体

5. 在生产工艺过程中，需要进行球化退火的钢是________。

A．45　　B．55Mn　　C．T12A　　D．08F

6．钢（如 45）正火后钢获得的组织为________。

A．S　B．M　C．$B_上$　D．T

7．金属材料最合适切削加工硬度为________。

A．170～230HBW　B．30～40HRC　C．50～100 HBW　D．40～50HRC

8．对于尺寸不大、外形较简单的碳钢零件淬火介质选用________。

A．水　B．油　C．熔融盐　D．空气

9．操作简单，易实现机械化、自动化的淬火是________淬火。

A．贝氏体等温　B．马氏体分级　C．双介质　D．单液

10．钢的淬硬性取决于钢的含________量。

A．碳　B．锰　C．硅　D．硫

11．钢调质后获得的组织是________。

A．$S_回$　B．$T_回$　C．$M_回$　D．$P_回$

12．表面淬火只适用于________钢。

A．高碳　B．中碳　C．合金　D．低碳

13．需要进行渗碳的零件，属于________钢。

A．高碳　B．中碳　C．合金　D．低碳

14．汽车变速齿轮用 20CrMnTi 钢制造，其最终热处理是________。

A．调质　B．淬火+高温回火

C．淬火+中温回火　D．渗碳+淬火+低温回火

15．弹簧用 60Si2Mn 制造，其最终热处理是________。

A．调质　B．淬火　C．淬火+中温回火　D．淬火+低温回火

16．制造连杆、齿轮用 45 钢制造，其最终热处理是________。

A．退火　B．调质　C．回火　D．正火

17．在钢热处理时加热到固相线附近，则会产生________。

A．氧化　B．脱碳　C．过热　D．过烧

18．改变零件表层化学成分的热处理工艺是________。

A．渗碳　B．表面淬火　C．调质　D．球化退火

19．热处理后零件的性能只与加热温度有关的是________。

A．火焰加热表面淬火　B．正火

C．淬火　D．回火

20．在热处理过程中冷却时，组织发生转变的是________。

A．奥氏体　B．铁素体　C．珠光体　D．渗碳体

三、选择填空题（将正确的内容填入空格中，每题 1 分，共 15 分）

1．热处理强化金属材料改变材料的_____（成分、性能）。

2．热处理有连续冷却和______（等温处理、等温变化）两种冷却工艺方法。

3．钢加热速度越快，组织转变偏离平衡临界点的程度_____（越大、越小）。

4．共析钢在加热时组织转变是奥氏体晶粒_____（相变、形成与长大）的过程。

5．各种复杂模具、量具、刀具热处理后一般的组织为_______（下贝氏体、马氏体）。

6．在 C 曲线中过冷奥氏体向马氏体转变是_____（M_s～M_f、A_1～M_s）线进行。

7．过冷奥氏体冷却时在 A_1～550℃转变产物为_____（珠光体型、马氏体）。

8．低碳钢中马氏体为______（板条状、针状）状。

9．对于亚共析钢正火的主要目的是细化晶粒，均匀组织，提高______（塑性、硬度）。

10．高碳钢零件组织中如有网状渗碳体，先进行_______（球化退火、正火）处理。

11．碳素工具钢制造的丝锥进行_______（单液、双介质）淬火处理。

12．低碳合金钢制造的形状复杂、尺寸较小、韧性要求较高的各种模具、成形刀具可以进行_____（贝氏体等温、马氏体分级）淬火。

13．淬硬性影响因素是钢的 ______（含碳量、临界冷速度）。

14．渗碳后钢的内部组织_______（均匀、不均匀）。

15．感应加热表面淬火加热时表面组织 _______（奥氏体、珠光体），心部为室温组织。

四、综合题（本题共 4 小题，共 45 分）

1．（18 分）钢的热处理曲线如图 4-11 所示。

（1）T_0 理论上为多少度？该温度对应铁碳合金相图上什么线？（2 分）

（2）钢热处理时加热、保温的目的分别是什么？（6 分）

（3）图 4-11 中 1、2 线分别表示什么工艺？（4 分）

（4）若 T_1 温度大于 230℃而小于 350℃，问 1、2 淬火冷却方式分别是什么？45 钢与 T12 钢各采用 1、2 淬火冷却方式何种？（4 分）

（5）在图 4-11 中画出钢去应力退火曲线。（2 分）

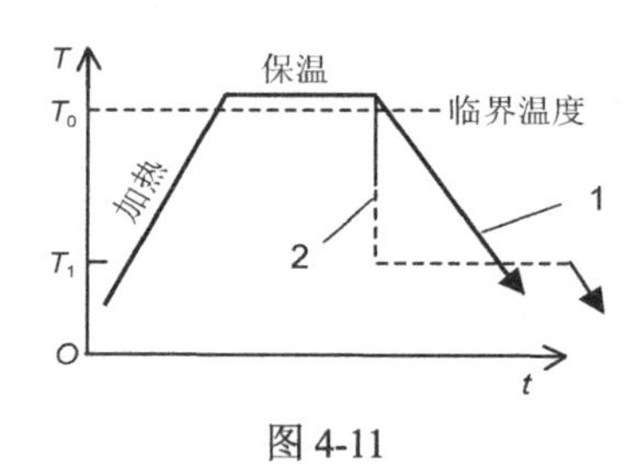

图 4-11

2．（9 分）填表 4-8，常用的回火方法及应用场合。

表 4-8 题 2 表

回火方法	加热温度/℃	获得组织	组织性能特点	应用举例（不少于两个）
低温回火			具有较高的硬度、耐磨性和一定的韧性	
中温回火			具有较高的弹性极限、屈服强度和适当的韧性	
高温回火			具有良好的综合力学性能	

3．（11 分）汽车变速齿轮用 20CrMnTi 钢制造，其热处理技术条件是：齿表面渗碳层深度：0.8—1.3mm，齿面硬度为：58～62HRC，心部硬度为：33～48HRC。加工工艺如下。

备料 → 锻造 → 正火 → 机械加工 → 渗碳 → 淬火、回火 → 喷丸 → 校正花键孔 → 磨齿

填写表 4-9。

表 4-9　　题 3 表

热处理名称	热处理性质	加热温度/℃	热处理作用
正火	预备热处理	855—875	
	最终热处理	900—950	
		760—780	
		200—220	

4．（7 分）将一根直径为 1mm 左右的弹簧钢丝剪成两段，放在酒精灯上同时加热到赤红色，然后分别放入水中和空气中冷却，冷却后进行弯折，发现放在水中的一根钢丝硬而脆，很容易折断；放在空气中冷却的钢丝较软，塑性好，不易折断。

根据以上实验，回答以下问题。

（1）请估计弹簧钢丝的含碳量：____________；热处理前室温组织为：____________。

（2）在酒精灯上加热到“赤红色”时，此时钢的组织是：________________________。

（3）在水中冷却的热处理方法是_____________，得到硬而脆的组织是：_____________；在空气中冷却的热处理方法是_________，得到塑性、韧性好的组织是：__________。

第五章　合金钢、铸铁、有色金属

5.1　基础知识复习

一、合金钢

1. 合金钢的定义

合金钢是在碳钢的基础上，为了改善钢的性能，在冶炼时有目的地加入一种或数种合金元素的钢。

2. 合金元素在钢中的主要作用

（1）强化铁素体。大多数合金元素（除铅外）都能溶于铁素体，形成合金铁素体。常用于提高淬透性的合金元素主要锰、钼、铬、镍、硼等。而铬和镍在适当范围内（Cr≤2.0%，Ni≤5.0%），在明显强化铁素体的同时，还可使铁素体的韧性提高，从而提高合金钢的强度和韧性。

（2）形成合金碳化物。锰、铬、钼、钨等弱、中强碳化物形成元素倾向于形成合金渗碳体。钒、铌、钛等强碳化物形成元素能与碳形成特殊碳化物，如 VC、TiC 等。特殊碳化物比合金渗碳体具有更高的熔点、硬度和耐磨性，而且更稳定，不易分解。当钢中的特殊性碳化物呈弥散分布时，将显著提高钢的强度、硬度和耐磨性，而不降低韧性。

（3）细化晶粒。几乎所有合金元素都有抑制钢在加热时奥氏体晶粒长大的作用，达到细化晶粒的目的。铝在钢中形成 AlN 和 Al_2O_3，均能强烈地阻碍奥氏体晶粒的长大，使合金钢在热处理后获得比碳钢更细的晶粒。

（4）提高钢的淬透性。除钴外，所有的合金元素溶解于奥氏体后，均可增加过冷奥氏体的稳定性，推迟向珠光体的转变，使 *C* 曲线右移，从而减小钢的临界冷却速度，提高钢的淬透性。微量的硼元素（0.0005%~0.003%）能明显提高钢的淬透性。常用提高淬透性的合金元素主要钼、锰、铬、镍、硼等。

（5）提高钢的回火稳定性。

3. 合金钢的分类

（1）按用途分：合金结构钢、合金工具钢、特殊性能钢。

（2）按含合金元素总量分：低合金钢、中合金钢、高合金钢。

4. 合金钢的牌号

（1）合金结构钢牌号：用两位数字+元素符号+数字表示。如 60Si2Mn 等。

（2）合金工具钢牌号：用一位数字+元素符号+数字表示。如 9SiCr 等。

（3）高速钢（W18Cr4V）属合金工具钢，其含碳量为 0.7%～0.8%，但也不予标出。

（4）特殊性能钢的牌号和合金工具钢的表示方法相同，当含碳量为 0.03%～0.1%时，用 0 表示，如 0Cr18Ni9；含碳量小于 0.03%时，用 00 表示，如 00Cr30Mo2。

（5）滚动轴承钢牌号不标含碳量，在牌号前加汉语拼音“G”，铬元素后的数字表示含铬量千分数。如 GCr15SiMn（含铬约 1.5%，含硅、锰均小于 1.5%的滚动轴承钢）。

二、铸铁

1. 铸铁的定义

铸铁是含碳量大于 2.11%而小于 6.69%的铁碳合金。

2. 铸铁的分类

（1）按碳存在的形式分：铸铁分为白口铸铁、灰铸铁、麻口铸铁。

（2）按铸铁中存在的形式分：铸铁分为灰铸铁、可锻铸铁、球墨铸铁、蠕墨铸铁。

3. 铸铁的牌号与性能

（1）灰铸铁

① 牌号。字母“HT”加一组数字组成，数字表示最低抗拉强度。如 HT150（最低抗拉强度为 150MPa 的灰铸铁）。

② 性能。强度、塑性、韧性较差，良好的铸造性、切削性、耐磨性、减震性，低的缺口敏感性等。

（2）可锻铸铁

① 牌号。KTH300-06（黑心可锻铸铁，最低抗拉强度 300MPa，最低断后伸长率 6%）。KTZ450-06（珠光体可锻铸铁，最低抗拉强度 450MPa，最低断后伸长率 6%）。

② 性能。强度较灰铸铁高，塑性和韧性也有大的提高。

（3）球墨铸铁

① 牌号。QT400-18（球墨铸铁，最低抗拉强度 400MPa，最低断后伸长率 18%）。

② 性能。良好的力学性能和工艺性能，强度、塑性已超过灰铸铁和可锻铸铁，接近铸钢。

（4）蠕墨铸铁

① 牌号。RUT300（蠕墨铸铁，最低抗拉强度 300MPa）。

② 性能。性能介于优质灰铸铁与球墨铸铁之间。

三、有色金属

1. 有色金属的定义

通常把黑色金属以外的金属称为有色金属，也称为非铁金属。

2. 有色金属分类

铜及铜合金、铝及铝合金、硬质合金等。

（1）铜及铜合金分类：工业纯铜、无氧纯铜、普通黄铜、特殊黄铜、铸造黄铜、白铜、青铜。

① 工业纯铜。

牌号：T1、T2、T3。

性能：具有良好的导电、导热性，塑性、韧性良好，强度、硬度较低。

② 无氧纯铜。

牌号：TU1、TU2。

性能：具有很好的导电、导热性，塑性、韧性良好，强度、硬度较低。

③ 普通黄铜。

牌号：H+平均含铜量表示。如H62，表示含铜量为62%的普通黄铜。

性能：含锌量在32%以下，随含锌的增加，强度和硬度不断提高；含锌量在30%～32%时，黄铜的塑性最好；当含锌量超过39%，强度继续升高，塑性迅速下降。

④ 特殊黄铜。

牌号：H+主加元素符号（锌除外）+平均含铜量+主加元素平均含量表示。如HMn58-2，表示含铜量为58%、含锰量为2%的特殊黄铜。分为锡黄铜、硅黄铜、锰黄铜、铅黄铜和铝黄铜。

性能：比普通黄铜具有更高的强度、硬度和耐蚀性。

⑤ 铸造黄铜。

牌号：ZCu+主加元素符号+主加元素含量+其他元素符号及含量。如ZCuZn38、ZCuZn40Mn2等。

性能：铸造性良好，塑性、韧性较低。

⑥ 白铜。

牌号：用“B”加镍含量表示。三元以上用“B”加第二主添加元素符号基础铜以外的成分数字表示。如B30、BMn3-12等。

性能：具有高的耐蚀性和优良的冷热加工性能。

⑦ 青铜。

牌号：除黄铜、白铜外，所有的铜基合金都称为青铜。压力加工青铜由“Q”+主加元素符号及含量+其他加入元素的含量组成。

锡青铜（如QSn4-3）在大气及海水中耐蚀性好。

铝青铜（QAl9-4）比黄铜锡、青铜具有更好的耐蚀性、耐磨性和耐热性。

铍青铜（如 QBe2）经淬火、回火加工，获得较高的强度、硬度、耐蚀性和抗疲劳性，具有良好的导电、导热性。综合性能较好。

硅青铜（如 QSi3-1）具有很高的力学性能和耐蚀性，良好的铸造性能及冷热变形加工性能。

铸造青铜与铸造黄铜牌号表示法相同，“ZCu”+主加元素符号+主加元素含量+其他加入元素及含量组成。铸造青铜如 ZCuSn5Pb5Zn5、ZCuAl9Mn2。铸造青铜性能：耐磨、耐蚀性良好。

（2）铝及铝合金分类：纯铝、防锈铝合金、硬铝合金、超硬铝合金、锻铝合金、铸造铝合金。

① 纯铝。

牌号：L070、L060、L050、L035、L200。

性能：密度小，熔点低，导热性、导电性好，抗大气腐蚀性好，加工性能好。

② 防锈铝合金。

牌号：如 5A02。

性能：在液体中工作的中等强度的零件。

③ 硬铝合金。

牌号：如 2A11。

性能：中等强度的零件及构件、冲压零件。

④ 超硬铝合金。

牌号：如 7A03。

性能：受力结构件。

⑤ 锻铝合金。

牌号：如 2A50。

性能：形状复杂、中等强度的锻件和冲压件。

⑥ 铸造铝合金。

牌号：ZL101。

性能：工作温度低于 185℃的飞机、仪器零件，如汽化器。

（3）硬质合金的分类：钨钴类硬质合金（K 类硬质合金）、钨钴钛类硬质合金（P 类硬质合金）和钨钛钽（铌）类硬质合金（M 类硬质合金）。

5.2　高考要求分析

高考要求：了解合金元素在钢中的主要作用；了解合金钢的不同分类方法，并能对合金钢进行正确分类。熟悉合金钢牌号的命名方法，并能对牌号进行正确识读。掌握常用合金钢的牌号、成分、性能和用途。

了解铸铁的组织与分类，并能正确识读常用铸铁的牌号。能识别轴承合金的牌号，并能了解其性能及用途。熟悉铸铁的组织与性能的关系，掌握灰铸铁的用途、性能及改善性能的方法。

合金钢、铸铁和有色金属是金属材料与热处理这门课中的重要知识点，它讲述了合金钢、铸铁及有色金属等金属材料的牌号、成分、组织、热处理、性能及用途。因此这部分知识作为重点也频繁出现在近几年来的高考试卷中，而且所占比分较大。试题主要以选择、判断形式出现。

5.3 高考试题回顾

1.（2003年高考题）钢材中________含量较多时，易引起钢的热脆。

A．Si　　B．Mn　　C．S　　D．P

2.（2003年高考题）可锻铸铁比灰铸铁的塑性好，因此可以进行锻造加工。（　　）

3.（2003 年高考题）低碳钢的质量分数 W_c（含碳量）为________，中碳钢的质量分数 W_c（含碳量）为________。

4.（2003年高考题）完成表5-1，其中钢材的用途在备选栏中选一列。

表5-1　　题4表

钢材	钢的类别	碳的质量分数	主要用途	备注
08F				车床床身、锉刀、板弹簧、冷冲压件、滚动轴承
GCr15				
60Si2Mn				

5.（2004年高考题）碳素钢的杂质元素Si、Mn、S、P主要有生铁带入。（　　）

6.（2004年高考题）常用铸铁中，________铸铁常被选用来制造形状复杂、承受冲击载荷的薄壁、中小型零件。

7.（2005年高考题）下列材料中，________可用于制造轴承内外圈及滚动体，也可以用于制造工具和耐磨零件。（　　）

A．60Si2Mn　　B．GCr15　　C．W18Cr4V　　D．Q295

8.（2005年高考题）磷是钢中有害元素，部分磷在结晶时会形成脆性很大的化合物，使钢在室温下发生冷脆现象。（　　）

9.（2005年高考题）HT100中100表示材料的________强度为100MPa。

10.（2006年高考题）下列材料中适合制造弹簧的是________。（　　）

A．60Si2Mn　　B．GCr15　　C．40Cr　　D．HT100

11.（2006年高考题）合金工具钢都是高碳钢。（　　）

12.（2006年高考题）铸铁中的碳主要以__________和______________两种形式存在。

13.（2006年高考题）轴承合金是主要用来制造____________轴承的材料。

14.（2009年高考题）为了改善灰铸铁的性能，生产中常采用的方法是________。

A．调质处理　　B．球化处理　　C．孕育处理　　D．水韧处理

15.（2009年高考题）某汽车制造厂要给汽车变速齿轮选材，最合适的材料是________。

A．T8　　B．5CrMnMo　　C．20CrMnTi　　D．60Si2Mn

16.（2009 年高考题）1Cr18Ni9、GCr15、W18Cr4V 都是高碳钢，也都是高合金钢。（　　）

17.（2009 年高考题）金属材料 CrWMn 有微变形钢之称，用它可以制作量具。（　　）

18.（2009 年高考题）材料 HT200，其中 HT 表示________________，200 表示________________。

19.（2010 年高考题）用 GCr15 钢制造滚动轴承，最终热处理为________。

A．淬火+高温回火　B．淬火+中温回火　C．淬火+低温回火　D．淬火

20.（2010 年高考题）20CrMnTi 是合金______钢，40Cr 是合金_____钢，CrWMn 是合金________钢。

21.（2011 年高考题）用于制作刀刃细薄的低速切削刀具的合金工具钢是________。

A．W18Cr4V　B．5CrMnMo　C．4Cr9Si2　D．9SiCr

22.（2011 年高考题）根据石墨化进行的程度不同，灰铸铁的基体组织有____________、____________和____________三种。

23.（2015 年高考题）下列金属材料属于低碳钢的是________。

A．Cr12MoV　B．W18Cr4V　C．45　D．15Mn

24.（2015 年高考题）用于制造汽车变速齿轮的金属材料是________。

A．08F　B．20CrMnTi　C．Q275　D．65

25.（2015 年高考题）为改变灰铸铁中的石墨片的形态和数量，生产中常采用________处理工艺，使石墨片组织得到________。

26.（2016 年高考题）下列四种牌号的材料：①08F，②CrWMn，③40Cr，④T8；含碳量由小到大的次序是________。

A．①—②—③—④　B．④—①—③—②

C．①—④—②—③　D．①—③—④—②

27.（2016 年高考题）铸铁的力学性能主要取决于_______和_________的形态、数量、大小及分布状况。

28.（2017 年高考题）属于合金结构钢的材料是________。

A．T12A　B．9SiCr　C．1Cr18Ni9Ti　D．GCr15SiMn

29.（2017 年高考题）能明显提高钢淬透性的元素是________。

A．硼　B．铝　C．钨　D．硅

30.（2017 年高考题）铸铁中的碳主要以________和________两种形式存在。

31.（2017 年高考题）结合零件使用要求和选用材料的性能，填表 5-2。

表 5-2　　题 31 表

零件名称	零件材料	零件毛坯	预备热处理	最终热处理	最终组织
机床齿轮轴	40Cr	锻件	正火		
弹簧	65Mn	型材	退火	淬火+中温回火	回火托氏体
滚动轴承	GCr15	锻件			
汽车变速齿轮	20CrMnTi	锻件			

32.（2018 年高考题）下列金属材料属于的低合金结构钢的是________。

A．GCr15　　B．Q295　　C．20CrMnTi　　D．60Si2Mn

33．用于制造铰刀的金属材料是_________。

A．9Cr　　B．20Cr　　C．40Cr　　D．65Mn

34．（2018 年高考题）可显著促进铸铁石墨片的元素是碳和_________，冷却速度越________，则越不利于铸铁的石墨片。

5.4　典型例题解析

【例 1】硫磷是碳素钢中的有害元素，因此在所有钢中都应该严格控制它们的含量。（　　）

【解析】硫能使钢产生热脆现象，磷能使钢产生冷脆现象，所以是碳素钢中的有害元素，要严格控制它们在钢中的含量。但在易切削钢中要适当提高硫磷的含量，增加钢的脆性以有利于切削时形成断裂的切屑，从而提高切削效率和延长刀具寿命，所以在易切削钢中要适当提高硫磷的含量。

【答案】×

【例 2】下列牌号属于优质碳素结构钢的有_______。　　（　　）

A．T8A　　B．08F　　C．Q235-A・F　　D．HT100

【解析】T8A 表示含碳量为 0.80%的高级优质碳素工具钢。

08F 表示含碳量为 0.08%的优质碳素结构钢。

Q235-A・F 表示屈服强度为不低于 235MPa 的 A 级沸腾钢。

HT100 表示抗拉强度为不低于 100MPa 的灰铸铁。

【答案】B

【例 3】将以下各材料与其相应的应用用线连起来。

65Mn	轴承盖
10F	板弹簧
45	螺钉
T8	齿轮
T12	木工用錾
ZG230-450	锉刀

【解析】轴承该受力不大，材料要求有一定的强度和较好的塑性。韧性，所以选用 ZG230-450。

板弹簧要求有较高的强度、耐磨性和弹性，所以选用 65Mn。

螺钉属于强度、硬度等要求不高的机械零件，所以选用 10F。

齿轮一般受力较大，且要求有较好的综合力学性能，所以选用 45 钢进行调质处理。

木工用錾属于受冲击且要求较高硬度和耐磨性的工具，故选用 T8。

锉刀属于受冲击且要求极高硬度和耐磨性的工具，故选用 T12。

【答案】

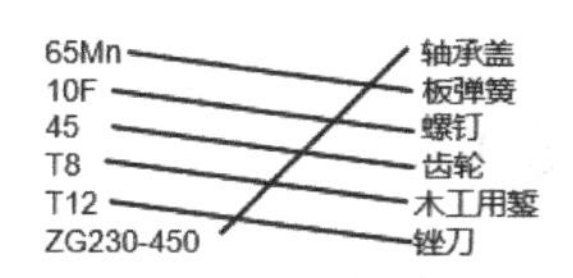

5.5　高考模式训练 A

一、单项选择题（共 10 小题，每小题 1.5 分，共 15 分）

1. 对铁素体不具有强化作用的元素是________。

A. 铅　　B. 锰　　C. 硅　　D. 铬

2. 当含量在 2.5%至 5.0%时对铁素体的强度、硬度和韧性均能提高的元素是________。

A. 硅　　B. 镍　　C. 锰　　D. 铬

3. 微量的________元素能显著提高钢的淬透性。

A. 钨　　B. 钼　　C. 硼　　D. 钛

4. 不能减小钢的临界冷却速度，提高钢的淬透性的是________。

A. 钴　　B. 铅　　C. 锰　　D. 镍

5. 不属于常用的提高钢淬透性的合金元素是________。

A. 碳　　B. 镍　　C. 铬　　D. 锰

6. 能强烈阻碍奥氏体晶粒长大的合金元素是________。

A. 硼　　B. 碳　　C. 锰　　D. 铝

7. 不能使 C 曲线右移的元素是________。

A. 镍　　B. 铅　　C. 钴　　D. 锰

8. 在钢中能形成特殊的碳化物，显著提高钢的强度、硬度和耐磨性，不降低韧性的是________。

A. 锰　　B. 铬　　C. 钒　　D. 钨

9. 在钢中易形成合金渗碳体的是________。

A. 钒　　B. 铌　　C. 钛　　D. 锰

10. 在钢中属于强碳化物形成元素的是________。

A. 钨　　B. 钒　　C. 铬　　D. 铝

二、填空题（每空 1 分，共 7 分）

1. 与碳钢相比，合金钢具有较高的____________、淬透性和回火稳定性。

2. 合金钢中的特殊碳化物呈________分布时，将显著提高钢的强度、硬度和________，而不降低其________。

3. 几乎所有合金元素都有抑制钢在加热时奥氏体________的作用，达到________的目的。在强度要求相同的条件下，合金钢可以在更高的温度下回火，以充分消除____________，使其韧性更好。

三、分析题（每空1分，共8分）

一对汽车变速齿轮，尺寸小的齿轮选用20MnTiB，尺寸大的齿轮选用20CrMnTi制造，生产工艺路线是：备料—锻造—热处理1—机械加工—热处理2—热处理3—喷丸—校正花键孔—磨齿。回答以下问题。

1．制造齿轮的两种钢均属于_______________钢，热处理3选用________________。

2．两种钢中形成合金渗碳体的元素____________，形成特殊碳化物的元素________。

3．能显著提高淬透性的元素是_____________，热处理3第二阶段20CrMnTi冷却介质选用____________，20MnTiB冷却介质选用____________。

4．经过热处理3后齿轮表面组织是________________。

5.6　高考模式训练B

一、单项选择题（共10小题，每小题1.5分，共15分）

1．40Cr钢按用途分属于_________。

A．合金结构钢　　B．合金工具钢　　C．合金渗碳钢　　D．合金弹簧钢

2．38CrMoAlA按合金元素总量分属于_________。

A．低合金钢　　B．中合金钢　　C．高合金钢　　D．特殊性能钢

3．60Si2Mn钢中Si的含量约为_________%。

A．0.02　　B．0.2　　C．2.0　　D．20

4．18MnMoNbER钢中E表示_________。

A．优质钢　　B．高级优质刚　　C．普通钢　　D．特级优质钢

5．9SiCr属于合金_________钢。

A．结构　　B．轴承　　C．工具　　D．渗碳

6．Cr12MoV钢中平均含碳量_________ %。

A．0.0　　B．大于1.0　　C．小于1.0　　D．大于等于1.0

7．GCr15钢中平均含Cr量为_________ %。

A．0.15　　B．1.5　　C．15　　D．5

8．属于不锈钢的是_________。

A．20Cr13　　B．GCr15SiMn　　C．Cr12MoV　　D．18MnMoNbER

9．在钢中易形成合金渗碳体的是_________。

A．钒　　B．铌　　C．钛　　D．锰

10．在钢中属于强碳化物形成元素的是_________。

A．钨　　B．钒　　C．铬　　D．铝

二、填空题（每空 1 分，共 7 分）

1. 合金结构钢是用于制造______________和工程结构的钢。

2. 合金工具钢是用制造各种工具的钢，分为_________钢、_________钢和_________钢。

3. 合金结构钢牌号前面的两位数字表示___________________，元素符号后面的数字表示该元素含量的__________，牌号后面的“E”表示________________。

三、分析题（每空 1 分，共 8 分）

合金钢牌号：40Cr、60Si2Mn、38CrMoAlA、9SiCr、Cr12MoV、GCr15SiMn、015Cr19Ni11。回答以下问题。

1. 从用途分，属于合金结构钢的是_____________________________________，属于合金工具钢的是____________________，属于特殊性能钢的是___________________。

2. 从含合金元素量分，属于高合金钢的是___________________________。

3. 从质量分，属于高级优质钢的是_______________________________________。

4. 从含碳量分，属于高碳钢的是____________________________，属于中碳钢的是__________________________，属于低碳钢的是_________________________。

5.7 高考模式训练 C

一、单项选择题（共 10 小题，每小题 1.5 分，共 15 分）

1. 属于低合金高强度结构钢的是________。
   A. Q235　B. Q255　C. Q275　D. Q295
2. 适用于制造锅炉的低合金高强度结构钢是________。
   A. Q275　B. Q295　C. Q390　D. Q345
3. 合金渗碳钢的含碳量在________%。
   A. 0～0.0218　B. 0.1～0.25　C. 0.0218～0.77　D. 0.77～2.11
4. 合金渗碳钢 20Cr 淬火时冷却介质是________。
   A. 油　B. 水　C. 盐水　D. 水油
5. 合金调质钢 40Cr 热处理后获得的组织是________。
   A. 回火马氏体　B. 回火索氏体　C. 回火屈氏体　D. 回火马氏体+残余奥氏体
6. 合金调质钢回火温度一般选择在________℃。
   A. 150～250　B. 250～350　C. 350～500　D. 500～650
7. 60Si2Mn 钢中提高钢的淬透性和弹性极限最突出的元素是________。
   A. 碳　B. 铁　C. 硅　D. 锰

8．GCr15SiMn 的预备热处理是________。

A．正火　　B．球化退火　　C．完全退火　　D．调质

9．滚动轴承钢最终热处理后获得的组织是________。

A．极细回火马氏体+细小且均匀分布的碳化物

B．极细马氏体+细小且均匀分布的碳化物

C．极细回火屈氏体+细小且均匀分布的过冷奥氏体

D．极细回火索氏体+细小且均匀分布的残余奥氏体

10．若 40Cr 制造的零件要求具有良好的综合力学性能，且表面要求有很好的耐磨性，热处理采用________。

A．淬火+低温回火　　B．调质处理

C．调质+表面淬火　　D．渗碳+淬火+低温回火

二、填空题（每空 1 分，共 7 分）

1．合金结构钢分为__________________和机械制造用钢两类。

2. 大多数低合金结构钢是在__________或_________状态下使用，一般不再进行热处理。合金渗碳钢经过_________________热处理后，零件具有外硬内韧的性能。

3.合金弹簧钢制造的热成型弹簧在___________热处理后往往还需要进行___________处理。滚动轴承钢的最终热处理是___________。

三、分析题（每空 1 分，共 8 分）

表 5-3 为部分合金钢结构钢的牌号、力学性能、热处理方法。回答以下问题。

表 5-3　　题三表

牌号	热处理/℃			力学性能（不小于）		
	渗碳	淬火（冷却介质）	回火（冷却介质）	Rm/Mpa	Rel/Mpa	A/%
Q390	/	/	/	490～650	330～390	19
20CrMnTi	930	880（油）	200（水空）	1080	835	10
40Cr	/	850（油）	520（水油）	980	785	9
60Si2Mn	/	870（油）	460（水或空）	1300	1250	5
GCr15	/	825-845（油）	150-170（油）	1615	1520	4

1．依据上表中力学性能判断，这五种钢中含碳量由高到低顺序是__________________。

2．采用低温回火的钢是_________________，回火后表面获得的组织是___________。

3．属于高温回火的钢是________________，回火后组织是_______________________。

4．20CrMnTi 属于________________钢，GCr15 属于________________钢。20CrMnTi 的 R_m 和 R_{el} 数值为何比 40Cr 钢数值大_______________________________________。

5.8　高考模式训练 D

一、单项选择题（共 10 小题，每小题 1.5 分，共 15 分）

1．用于制造刀刃细薄低速板牙、丝锥的钢是________。

A．9SiCr　　B．CrWMn　　C．9Cr2　　D．W18Cr4V

2．低合金刃具钢的最终热处理是________。

A．淬火+高温回火　　B．渗金属+淬火+高温回火

C．淬火+低温回火　　D．渗碳+淬火+低温回火

3．高速钢经淬火后在 550～570℃温度下多次回火后的组织是________。

A．回火索氏体+少量残余奥氏体

B．回火马氏体+少量残余奥氏体

C．回火索氏体+均匀分布的细颗粒状合金碳化物+少量残余奥氏体

D．回火马氏体+均匀分布的细颗粒状合金碳化物+少量残余奥氏体

4．提高高速钢红硬性的主要元素是________。

A．W　　B．Cr　　C．Co　　D．V

5．能提高高速钢的硬度、耐磨性和红硬性，并能细化晶粒的元素是________。

A．钨　　B．钒　　C．钼　　D．铬

6．为达到高硬度高速钢需经淬火后多次________回火。

A．低温　　B．中温　　C．高温　　D．超低温

7．下列刃具钢红硬性最高的是________。

A．T10A　　B．W18Cr4V　　C．9SiCr　　D．CrWMn

8．属于大型冷作模具钢的是________。

A．CrWMn　　B．9SiCr　　C．T10A　　D．Cr12MoV

9．冷作模具钢的最终热处理是________。

A．淬火+低温回火　B．调质处理　　C．调质+表面淬火　D．淬火+中温回火

10．热作模具钢的最终热处理是________。

A．淬火+低温回火　B．调质处理　　C．调质+表面淬火　D．淬火+中温回火

二、填空题（每空 1 分，共 7 分）

1．合金刃具钢分为低合金刃具钢和___________两类。

2．合金工具钢按用途分为刃具钢 、___________和___________钢，低合金刃具钢的预备热处理是____________。

3．高速钢又称为_____________。麻花状头的柄部标有“Φ20 HSS”，其中 Φ20 表示__________，HSS 表示_________________。

三、分析题（每空 1 分，共 8 分）

图 5-1 是高速钢的热处理工艺曲线。回答以下问题。

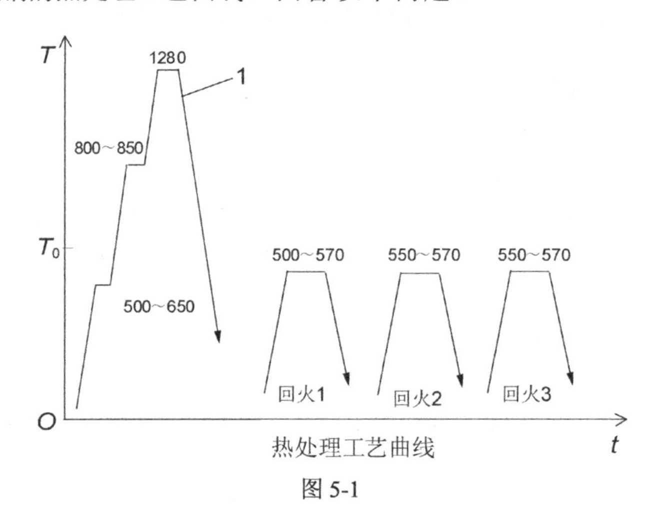

图 5-1

1．请写出高速钢的两个牌号____________________、______________________。

2．淬火加热温度很高，是为了保证淬火、回火后获得高的______________，淬火冷却介质一般是_________________，淬火冷却后组织是____________________________________。

3．回火后的组织是____。

4．从含合金元素总量看高速钢均属于_______钢，从含碳量看高速钢均属于_______钢。

5.9 高考模式训练 E

一、单项选择题（共 10 小题，每小题 1.5 分，共 15 分）

1．用于制造抗磁性零件的钢是________。

A．高级优质钢　B．马氏体不锈钢　C．奥氏体不锈钢　D．铁素体不锈钢

2．不同类型不锈钢中的________元素含量都在 13%以上。

A．镍　B．铬　C．碳　D．锰

3．属于奥氏体性不锈钢的是________。

A．10Cr17　B．022Cr30Mo2　C．022Cr18Ni10N　D．20Cr13

4．属于马氏体性不锈钢的是________。

A．10Cr17　B．022Cr30Mo2　C．022Cr18Ni10N　D．20Cr13

5．用于制造量具及轴承的不锈钢是________。

A．30Cr13　B．12Cr13　C．10Cr17　D．10Cr18Ni9Ti

6．用于制造不锈钢厨具、餐具的是________。

A．30Cr13　B．12Cr13　C．10Cr17　D．10Cr18Ni9Ti

7．用于制造硝酸、化工、化肥等工业设备的是________。

A．12Cr18Ni9　　B．12Cr13　　C．10Cr17　　D．30Cr13

8．属于微变形钢的是________。

A．CrWMn　　B．9SiCr　　C．T10A　　D．Cr12MoV

9．冷作模具钢的最终热处理获得组织是________。

A．回火索氏体　　B．回火屈氏体　　C．回火马氏体　　D．马氏体

10．为使耐磨钢获得单项奥氏体组织，需对其进行________处理。

A．加热到727℃　　B．水韧　　C．渗碳　　D．调质

二、填空题（每空1分，共7分）

1．随着不锈钢中含碳量的增加，其强度、硬度和耐磨性提高，但是________性下降。

2．按化学成分不锈钢分为____________、____________和铬锰不锈钢。12Cr18Ni9 属于________。

3．耐热钢是__________和__________的总称。耐磨钢典型的牌号是__________。

三、分析题（每空1分，共8分）

下列钢牌号：12Cr18Ni9、10Cr17、06Cr18Ni11Nb、30Cr13、ZGMn13、40Cr9Si2。回答以下问题。

1．按金相组织特点分，属于马氏体不锈钢的牌号_____________、属于铁素体不锈钢的牌号_______________。

2．属于抗氧化钢的牌号_____________，属于耐磨钢的牌号__________________。

3．抗磁仪表、医疗器械选_________________________制造，建筑装潢、家用电器和家庭用具选用______________制造。

4．起重机、拖拉机的履带选用_______制造，这类钢的零件大多采用_______成形制造。

5.10 高考模式训练F

一、单项选择题（共10小题，每小题1.5分，共15分）

1．机床的床身、虎钳的钳体和底座等都是用________制造。

A．优质钢　　B．普通碳素钢　　C．铸铁　　D．铸钢

2．铸铁中碳全部游离以石墨状态存在的是________。

A．灰铸铁　　B．白口铸铁　　C．麻口铸铁　　D．球墨铸铁

3．铸铁中碳全部呈化合碳态存在的是________。

A．灰铸铁　　B．白口铸铁　　C．麻口铸铁　　D．球墨铸铁

4．铸铁中石墨呈曲片状存在的是________。

A．普通灰铸铁　　B．可锻铸铁　　C．麻口铸铁　　D．球墨铸铁

5．铸铁中石墨呈团絮状存在的是________。

A．普通灰铸铁　B．可锻铸铁　C．麻口铸铁　D．球墨铸铁

6．提高灰铸铁的性能关键是改变________的形态和数量。

A．渗碳体　B．铁素体　C．珠光体　D．石墨片

7．强度和塑性已接近铸钢，铸造性和切削加工性能均比铸钢好的是________。

A．普通灰铸铁　B．可锻铸铁　C．麻口铸铁　D．球墨铸铁

8．抗拉强度最大的是________。

A．HT300　B．KTZ550-06　C．QT900-2　D．RUT300

9．用于制造机床床身、气缸体活塞的是________。

A．HT250　B．HT100　C．KTZ350-10　D．QT700-2

10．用于制造承受载荷大、受力复杂的零件，如汽车、拖拉机的曲轴、连杆选用________。

A．HT250　B．HT100　C．KTZ350-10　D．QT700-2

二、填空题（每空1分，共7分）

1．铸铁与钢相比具有良好的__________性能和切削加工性能。

2．铸铁中碳以石墨形式析出的过程称为__________。铸铁的力学性能主要取决于基体的__________和__________的形态。

3．铸铁的硬度主要取决于________的硬度。灰铸铁具有良好的铸造、耐磨、消音、减振以及较低的___________等性能。采用_________热处理使灰铸铁制造的机床导轨、缸体内壁等提高硬度和耐磨性。

三、分析题（每空1分，共8分）

下列铸铁牌号：QT700-2、RUT300、HT150、KTZ350-10，零件：气缸盖、转向节壳、带轮、曲轴。回答以下问题。

1．牌号HT150属于______________，150表示______________________________。

2．石墨呈蠕虫状的是______________，KTZ350-10符号中10表示______________。

3．制造曲轴选________________，制造带轮选__________________________制造。

4．制造转向节壳选____________，制造气缸盖选用__________________ 制造。

5.11　高考模式训练G

一、单项选择题（共10小题，每小题1.5分，共15分）

1．以锌为主加合金元素的材料是________。

A．ZL301　B．H62　C．QAl7　D．B30

2．制造开关触头选用________。

A．T3　B．H90　C．QSi3-1　D．H62

3．纯净的铜呈________色。

A．紫红　B．银白　C．青绿　D．黑黄

4．符号 B30 中 30 表示含________的含量为 30%。

A．铜　B．锰　C．镍　D．铬

5．锡青铜 QSn4-3 符号中 3 表示含________量为 3%。

A．铜　B．锡　C．锌　D．铝

6．制造油箱、油管、饮料罐可选用________。

A．L2　B．LF21　C．LY12　D．LD7

7．制造风冷发动机的汽缸头（摩托车汽缸头）、油泵体、机壳可________。

A．ZL105　B．LF21　C．ZL201　D．LD7

8．铝合金在加热条件下的热处理称为________。

A．淬火　B．退火　C．人工时效　D．正火

9．硬质合金的红硬性可达到________℃。

A．300　B．500　C．600　D．900

10．硬质合金中黏结剂金属元素是________。

A．铁　B．铬　C．钴　D．钛

二、填空题（每空 1 分，共 7 分）

1．H62 表示含铜量为___________的普通黄铜。

2．符号 ZCuZn38 属于________________，其中主加元素是________________，含量为________________。

3．硬质合金的特点是硬度高、_____和_____好。YG 类硬质合金适合加工_____材料。

三、分析题（每空 1 分，共 8 分）

根据下列有色牌号：H90、ZCuZn38、LF21、YW2，用途：刀具、饮料罐、螺母、证章。回答以下问题。

1．牌号 H90 属于____________________，90 表示________________________________。

2．制造刀具的是____________________，制造证章的是________________________________。

3．制造饮料罐的是__________________，制造螺母的是________________________________。

4．YW2 属于_______________类硬质合金，也称为______________________。

5.12 测试A

（满分100分，时间90分钟）

一、填空题（每空1分，共20分）

1．T12A钢按用途分属于__________钢；按含碳量分属于_________钢；按质量分属于__________钢。

2．碳素钢中有益元素可以提高钢的________________。____________元素会使钢产生冷脆现象。

3．合金元素在钢中的主要作用有__________、__________、__________、__________和__________。

4．合金钢20CrMnTi属于机械制造用钢中的________，其最终热处理一般是________。

5．热成形弹簧成形后的热处理是__________，热处理后往往还要进行__________处理。冷成形弹簧成形后进行__________，以消除加工中产生的内应力。

6．在高温下具有良好的_____________性和较高的_____________的钢称为耐热钢。

7．灰铸铁经孕育处理后，可使__________及_________得到细化，_____________有很大的提高。

二、选择题（将正确的选项填入空格中，每题1分，共20分）

1．下列材料牌号中属于工具钢的是________。

A．T10A　　B．65Mn　　C．20　　D．HT100

2．在易切削钢中，适当提高________含量，可增加钢的脆性。

A．S、P　　B．Si、Mn　　C．S、Mn　　D．Si、S

3．轴承钢GCr15中平均含铬量约为________。

A．0.015%　　B．0.15%　　C．1.5%　　D．15%

4．合金钢20CrMnTi中的钛元素的主要作用是________。

A．强化铁素体　　B．形成合金碳化物　　C．提高钢的淬透性　　D．细化晶粒

5．为使高锰钢获得单相奥氏体组织，应进行________。

A．变质处理　　B．球化处理　　C．孕育处理　　D．水韧处理

6．_______中石墨以团絮状存在。

A．灰铸铁　　B．可锻铸铁　　C．球墨铸铁　　D．蠕墨铸铁

7．钢的质量是按________进行区分的。

A．力学性能　　B．含S、P量多少

C．含C、Si、Mn量的多少　　D．含碳量

8．球墨铸铁经________处理可得到珠光体基体组织。

A．退火　　B．正火　　C．调质　　D．等温淬火

9．下列钢采用淬火加中温回火后弹性最好的是________。

A．T10　　B．65Mn　　C．20　　D．45

10．下列钢采用淬火加低温回火后硬度最高的是________。

A．T10　　B．65Mn　　C．20　　D．45

11．下列钢焊接性最好的是________。

A．T10　　B．65Mn　　C．20　　D．45

12．下列钢热处理前，切削加工性最好的是________。

A．T10　　B．65Mn　　C．20　　D．45

13．铸造性能最好的是________。

A．T7　　B．ZG270-500　　C．HT200　　D．45

14．制造垫圈、垫片应选用________钢制造。

A．08F　　B．65　　C．HT200　　D．45

15．灰铸铁由于有石墨的存在而使_______提高。

A．强度　　B．塑性　　C．减震性　　D．韧性

16．制造储存硝酸的槽应选用________钢制造。

A．1Cr18Ni9　　B．Cr12MoV　　C．GCr15　　D．CrWMn

17．合金钢 20Cr 与 20CrMnTi 的淬透性相比________。

A．好　　B．差　　C．一样　　D．无法比较

18．不锈钢 1Cr13 中的含铬量为________。

A．1.3%　　B．0.13%　　C．13%　　D．0.013%

19．属于耐磨钢的是________。

A．60Si2Mn　　B．4Cr13　　C．GCr15　　D．ZGMn13

20．下列钢热处理时需要低温回火的钢是________。

A．CrWMn　　B．Q195　　C．45　　D．55Mn

三、选择填空题（将正确的内容填入空格中，每题 1 分，共 20 分）

1．合金弹簧钢一般含合金元素锰和_______（Si、Cr）元素等。

2．大多数合金钢的淬透性都比碳素钢______（好、差）。

3．滚动轴承钢都是________（高级优质、优质）钢。

4．不锈钢中的含碳量越高，其耐蚀性越______（好、差）。

5．通过热处理可以提高灰铸铁零件表面的______（塑性、硬度）。

6．高速钢的红硬度可达____（600、500）℃，可以进行高速切削。

7．可锻铸铁比灰铸铁的塑性好，______（可以、不可以）进行锻压加工。

8．与碳钢相比，在相同的回火温度下，合金钢具有____（更高、更低）的硬度和强度。

9．滚动轴承钢用来制造各种轴承，以及各种_____（量具、热作模具）、耐磨零件。

10．高碳钢的含______（碳、硅）量大于中碳钢，更大于低碳钢。

11．碳素工具钢都是_____（普通钢、优质钢）或高级优质钢。

12．渗碳钢都是低碳________（优质、普通）碳素结构钢或低碳合金结构钢。

13．硅、锰是钢中的有益元素，都是由____（生铁、炼钢）带入钢中的。

14．铬13系列不锈钢中的含铬量越高其耐蚀性______（越好、越差）。

15．合金钢只有经过_____（热处理、锻造）后才能显著提高力学性能。

16．碳素弹簧钢的淬透性______（不及、好于）合金弹簧钢。

17．为了提高灰铸铁的力学性能常采用_____（固溶强化、孕育）处理。

18．可锻铸铁是由白口铸铁通过石墨化______（正火、退火）获得的。

19．小型冷作模具可以用低合金______（刃具钢、弹簧钢）制造。

20．灰铸铁的强度、硬度、塑性和韧性远____（不如、好于）中碳钢。

四、综合题（本题共2小题，共40分）

1．（22分）根据下列钢的牌号，回答问题。

16Mn　20CrMnTi　60Si2Mn　9SiCr　GCr15　ZGMn13　W18Cr4V　0Cr19Ni9　Cr12MoV　5CrMnMo

（1）属于碳素钢的是________________，其平均含碳量为_____________，按质量分该钢属于____________钢，按含碳分属于____________钢。

（2）属于合金结构钢的有___________、_______________、______________。

（3）属于合金刃具钢的有________________、________________，属于合金模具钢的有_______________、_______________。

（4）属于特殊性能钢的有_____________、________________。

（5）W18Cr4V 属于________________，其平均含碳量为________，W 含量为____，V 含量为____。

（6）0Cr19Ni9 钢的平均含碳量为_____________。

（7）9SiCr、GCr15 的预备热处理为_______________，最终热处理为_________________。

（8）ZGMn13 是典型的____________钢，热处理需要进行_____________________。

2．（18分）从给出的合金钢材料中选出下表中零件所用的材料，并完成表5-4。

20CrMnTi　60Si2Mn　GCr15　3Cr13　W18Cr4V　40Cr

表5-4　题2表

零件名称	选用材料牌号	所属钢种	最终热处理
机床主轴			
变速齿轮			
板弹簧			
轴承滚珠			
麻花钻头			
储酸槽			

5.13　测试B

（满分100分，时间90分钟）

一、填空题（每空1分，共20分）

1．钢60Si2Mn中的平均含碳量为______________，属于_____________钢。

2．HT200是____________________。其200表示______________________。

3．滚动轴承钢的预备热处理是______________，最终热处理是__________________。

4．铸铁中的碳主要以______________和___________两种形式存在。

5．QT400-18表示___________，400表示___________，18表示___________。

6．纯铜呈_________色，常用的铜合金分为__________、_________和_______三大类。

7．H62表示__________________，62表示__________________。

8．P类硬质合金是________________的英文代号，该类硬质合金刀具适合加工_______材料。

9．W18Cr4V的最终热处理是______________________。

二、选择题（将正确的选项填入空格中，每题1分，共20分）

1．下列材料制造的刀具，其红硬性最好的是________。

A．T10A　　B．9SiCr　　C．W18Cr4V　　D．CrWMn

2．下列四种钢硬度最高的是________。

A．08F　　B．35　　C．Q195　　D．T10A

3．属于不锈钢的是________。

A．Cr12MoV　　B．1Cr17　　C．0Cr13Al　　D．Cr12

4．50CrVA钢属于________。

A．合金工具钢　　B．合金渗碳钢　　C．合金弹簧钢　　D．轴承钢

5．机床的床身选用________制造。

A．HT300　　B．QT700-2　　C．35　　D．65

6．柴油机曲轴选用________制造。

A．HT300　　B．QT700-2　　C．KTH350-10　　D．65

7．汽车后桥的外壳选用________制造。

A．HT300　　B．QT700-2　　C．KTH350-10　　D．65

8．在海水、淡水及蒸气中工作的阀体应选用________制造。

A．纯铝　　B．纯铜　　C．普通黄铜　　D．铸造黄铜

9．中国古代的司母戊鼎从材料看是属于________。

A．青铜　　B．黄铜　　C．特殊黄铜　　D．纯铜

10．家用菜刀、削铅笔的小刀所以材料是________。

A．T7　　B．35　　C．9SiCr　　D．40Cr

11．电动自行车整体式轮毂（非钢丝式）是用________制造。

A．纯铝　　B．工具钢　　C．铸铁　　D．铸铝

12．普通建筑用螺纹钢是属于________。

A．碳素结构钢　　B．优质碳素结构钢

C．合金钢　　D．工具钢

13．常用于制造轧钢机机架、轴承座、缸体、箱体的材料是________。

A．HT300　　B．QT700-2　　C．ZG270-500　　D．HT100

14．学生用金属文具盒是用________材料制造的。

A．08F　　B．45　　C．Q295　　D．T10A

15．不锈钢餐具、茶杯等家用器具是用________材料制造的。

A．1Cr18Ni9　　B．1Cr17　　C．0Cr18Ni9N　　D．4Cr13

16．北京奥运会鸟巢的钢结构所用材料是________。

A．08F　　B．40Cr　　C．Q460　　D．65Mn

17．轴承钢 GCr15 中的含铬量约为________。

A．15%　　B．1.5%　　C．0.15%　　D．0.015%

18．制造家用液化气罐（煤气罐）所使用钢是________。

A．08F　　B．35Cr　　C．Q195　　D．65Mn

19．制造空调器、电冰箱等散热器、热交换器使用的材料是________。

A．纯铝　　B．铝合金　　C．铜合金　　D．紫铜

20．自行车的轮圈、龙头等表面电镀的金属是________，以增加耐磨、防锈、美观等。

A．铬　　B．铝　　C．银　　D．铜

三、选择填空题（将正确的内容填入空格中，每题1分，共20分）

1．人民币一元硬币能够被磁化（被磁铁吸引），是用______（钢、镍）制造的。

2．20钢中的平均含碳量为_____（2.0、0.20）%。

3．从经济效益考虑，制造垫圈选用_______（普通、优质）碳素结构钢。

4．T12钢可用于制造_______（锤头、锉刀）。

5．制造形状复杂，很难用锻造或机械加工的方法，而力学性能要求较高，不能用铸铁制造时要用______（铸钢、铸铝）制造。

6．特殊碳化物如碳化钛等能显著提高钢的____（韧性、强度）、硬度和耐磨性。

7．合金元素______（钴、钛）溶于奥氏体后增加过冷奥氏体的稳定性。

8．高的回火______（稳定性、淬透性）使钢在较高温度下仍能保持高硬度和高耐磨性。

9．合金工具钢中的含碳量______（小于、大于等于）1%时，不予标注。

10．GCr15SiMn 是一种合金_________（高级优质、优质）结构钢。

11．大多数低合金高强度结构钢是在热轧或______（正火、退火）状态下使用。

12．合金渗碳钢的最终热处理一般是渗碳加淬火加_____（低温、高温）回火。

13．高速钢的最终热处理一般是淬火加______（低温、高温）回火。

14．合金渗碳钢常用于制造汽车、拖拉机中的____（变速齿轮、轴承座）、内燃机的凸轮和活塞销等。

15．热作模具钢的最终热处理是淬火加_______（中温、低温）回火。

16．不能被磁铁磁化的是________（奥氏体、马氏体）型不锈钢。

17．铸铁与钢相比具有良好的_______（铸造、抗拉）性能、切削加工性，以及消音、减震、耐压、耐磨、耐蚀等性能。

18．影响铸铁石墨化的主要因素是铸铁的成分和______（冷却速度、加热方法）。

19．白铜是以______（镍、锌）为主加元素的铜合金，不能进行热处理强化，只能用固溶强化和加工硬化提高其强度。

20．中国古代使用的钱币铜板是纯铜制造，而中间有方空的铜钱是属于____（青铜、黄铜）。

四、综合题（本题共 3 小题，共 40 分）

1．（10 分）用 45 钢制造一承载较大的转轴，其工艺路线如下。

锻造→热处理①→机加工→热处理②→精加工。回答以下问题。

（1）工艺路线中，机加工之前的工序热处理①的名称是什么？为什么？

（2）工艺路线中，机加工之后的工序热处理②的名称是什么？为什么？

（3）经热处理②工序后获得的组织名称是什么？

2．（20 分）某航空齿轮用 12Cr2N4 钢制造，其技术要求为：渗碳层深度 0.9～1.1mm，渗碳经热处理后表面硬度为 60～65HRC，非渗碳部分硬度为 31～41HRC。其工艺流程如图 5-2 所示。

（1）根据所学知识 12Cr2N4 属于_____________钢，其平均含碳量为_______________，按所含合金元素总量看属于______________钢，其中含氮量为____________。（4 分）

（2）钢中合金元素 Cr 主要作用是______________________、______________________、______________________；

合金元素 N 主要作用是__________________；（4 分）

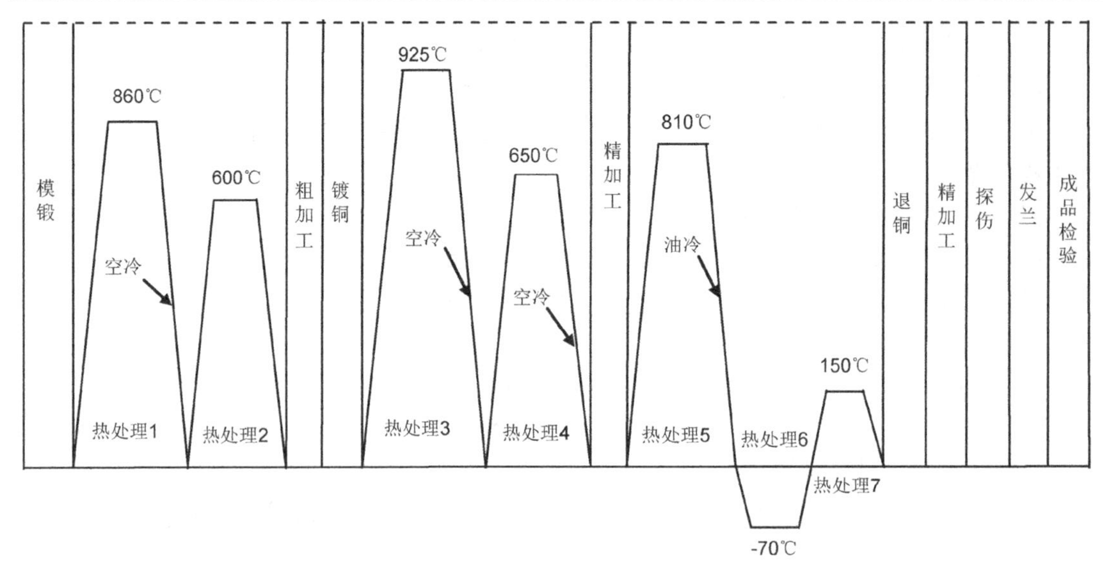

图 5-2

（3）（12 分）

完成表 5-5。

表 5-5　　　　题 2 表

热处理名称		热处理目的	组织名称
热处理 1			
热处理 2	高温回火	降低硬度，利于粗加工	回火索氏体
热处理 3		提高表面含碳量	马氏体
热处理 4	高温回火		回火索氏体
热处理 5			
热处理 6	冷处理	消除残余奥氏体	
热处理 7			

3.（10 分）选择制造下列零件合适的材料。

（1）低速丝锥____________________；（2）齿轮铣刀____________________；

（3）机床主轴____________________；（4）汽车板簧____________________；

（5）厂房钢构____________________。

A．Q195　　B．60Si2Mn　　C．W18Cr4V

D．9SiCr　　E．40Cr

5.14　测试 C

（满分 100 分，时间 90 分钟）

一、填空题（每个空格 1 分，共 20 分）

1．合金钢与碳素钢相比，具有较高的力学性能、淬透性和______________稳定性等。

2．大多数合金元素（除铅外）都能溶于铁素体，形成__________________。

3．合金钢与碳素钢相比，在相同回火温度下，比相同含碳的碳素钢具有更高的______和强度。

4．金属材料在高温下保持高硬度的能力称为__________________。

5．用于制造各类工程结构件和各种机器零件的合金钢是_______________。

6．制造弹簧的金属材料应具有高的强度和______________，足够的塑性和韧性。

7．滚动轴承钢的预备热处理是___________________。

8．合金工具钢分为低合金刃具钢和_________________。

9．低合金工具钢由于加入合金元素量不大，一般工作温度不得超过_____________℃。

10．高速钢是一种具有良好的工艺性能、高的抗弯强度，以及高红硬性、高_________性的合金工具钢。

11．对于精密量具为保证使用中尺寸稳定，淬火后需要进行______________。

12．购买的麻花钻头在柄部标有“Ø18　HSS”字样，HSS 是__________________的英文缩写。

13．影响铸铁石墨化的因素主要是铸铁的成分和_________________________。

14．灰铸铁组织由金属基体和在基体中分布的_______________组成。

15．合金钢 40Cr 中平均含碳量为_________，含铬约为_________，属于_________钢。

16．合金钢 60Si2CrVA 钢中含硅约为_________，A 表示_________，属于_________钢。

二、选择题（将正确的选项填入空格中，每题 1 分，共 20 分）

1．合金钢 20Cr 从含合金元素总量看是属于________。

A．低碳钢　　B．低合金钢　　C．中合金钢　　D．高合金钢

2．合金钢 60Si2Mn 中平均含碳量是________。

A．60%　　B．6.0%　　C．2.0%　　D．0.60%

3．合金钢 20Mn2 是属于合金________钢。

A．高强度　　B．渗碳　　C．弹簧　　D．调质

4．合金钢 9SiCr 是合金________钢。

A．工具　　B．渗碳　　C．弹簧　　D．调质

5．在生产工艺过程中，需要进行球化退火的钢是________。

A．40Cr　　B．20Mn2　　C．GCr15SiMn　　D．60Si2Mn

6．2008 年北京奥运会主体育场——鸟巢的钢结构使用的材料为________。

A．Q235A　　B．Q460　　C．40Cr　　D．65 Mn

7．合金调质钢热处理后的组织是________。

A．$S_{回}$　　B．$T_{回}$　　C．$M_{回}$　　D．$P_{回}$

8．合金钢 GCr15SiMn 中含铬量约为________ %。

A．15　　B．1.5　　C．0.15　　D．0.015

9．制造精密量具、长铰刀应用________钢。

A．GCr15　　B．9SiCr　　C．CrWMn　　D．9Mn2V

10．属于不锈钢的是________。

A．GCr15　　B．9SiCr　　C．20Cr　　D．4Cr13

11．制造起重机、拖拉机的履带、坦克的履带等用________钢。

A．耐热　　B．不锈　　C．渗碳　　D．耐磨

12．切削加工性最好的铸铁是________。

A．灰铸铁　　B．白口铸铁　　C．麻口铸铁　　D．球墨铸铁

13．铸铁 HT200 中，200 表示最低________值为 200MPa。

A．抗拉强度　　B．屈服强度　　C．冲击韧性　　D．疲劳强度

14．黄铜的主加元素是________。

A．锰　　B．铬　　C．硅　　D．锌

15．在 QSn4-3 中，3 表示含________为 3%。

A．锡　　B．铜　　C．锌　　D．铁

16．常用来制造刀具加工不锈钢、耐热钢、高锰钢等难加工材料的是________。

A．Y15　　B．YW1　　C．TY5　　D．YG8

17．属于铝合金的是________。

A．LY12　　B．QAl7　　C．TU2　　D．TY5

18．铸铁中的石墨成团絮状存在的是________。

A．灰铸铁　　B．球墨铸铁　　C．可锻铸铁　　D．蠕墨铸铁

19．用于制造家用厨具、餐具的不锈钢是________。

A．3Cr13　　B．1Cr18Ni9　　C．2Cr13　　D．1Cr17

20．热作模具钢的最终热处理是________。

A．淬火+中温回火　B．淬火+高温回火　C．淬火+低温回火　D．调质

三、选择填空题（将正确的内容填入空格中，每题 1 分，共 15 分）

1．合金元素溶入_____（莱氏体、奥氏体），使强度、硬度提高。

2．在强度要求相同的条件下，合金钢可在 ____（相同、更高）的温度下回火，充分消除内应力。

3．不锈钢 12Cr18Ni9 中的含铬量为_______（12%、18%）。

4．牌号 YT15 是________（K、P）类硬质合金的牌号。

5．低合金结构钢与相同含碳量的碳钢前者焊接性 ____（不及、好于）后者。

6．合金渗碳钢热处理后，具有____（外硬内韧、整体强度和硬度高）的性能，用于制造承受冲击载荷作用的耐磨、耐疲劳的零件。

7．_____（滚动轴承、合金弹簧）钢具有高的硬度、耐磨性、弹性极限和接触疲劳强度，以及足够的韧性和一定的耐蚀性。

8．生产中常用_____（滚动轴承、高速钢）钢制造刀具、冷冲模具、量具等。

9. 高速钢具有高的热硬性、高的耐磨性和足够的强度，常用于制造切削速度____（较高、超高）的刀具和形状复杂、载荷较大的成形刀具。

10．大型的冷作模具一般用_____（高锰、高碳高铬）钢制造。

11．量具要求高硬度、高耐磨性、高____（尺寸、马氏体）稳定性和足够的韧性。

12．不锈钢随含碳量的增加，其强度、硬度和耐磨性______（增加、下降）。

13．铸铁的硬度主要取决于_____（渗碳体、基体）的硬度。

14．灰铸铁中石墨片越少、越细小且分布越均匀，铸铁的 ___（力学、铸造）性能越高。

15．除了黄铜和白铜以外，所有的铜基合金都称为___（青铜、铸造黄铜）。

四、综合题（本题共 4 小题，共 45 分）

1.（11 分）图 5-3 是高速钢的热处理工艺曲线。

（1）请写出高速钢的两个牌号____________________、____________________。（2 分）

（2）图 5-3 中曲线 1 是进行的_________________________热处理，冷却介质一般是_______________，冷却后组织是________________________________。（3 分）

（3）为何第一次热处理加热时要分段进行加热？第一次保温的温度（1280℃）为何选择如此之高？（6 分）

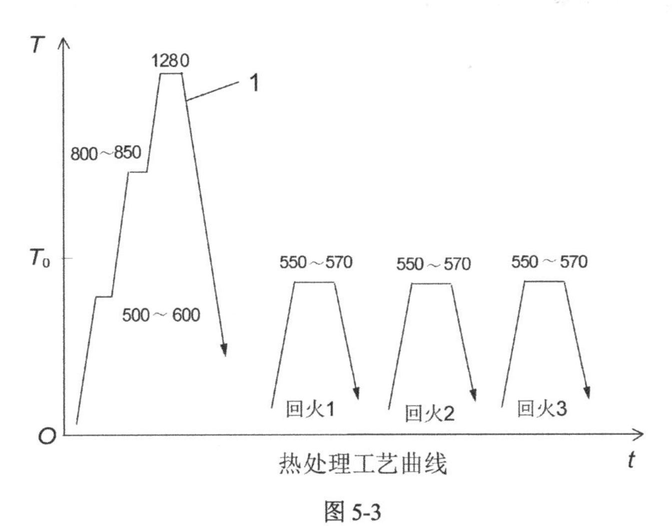

图 5-3

2.（24 分）根据已知条件完成表 5-6。

（已知材料牌号为：9SiCr，T12A，W18Cr4V，65Mn，45，GCr15，3Cr2W8V，20CrMnTi）

表5-6　　题2表

零件名称	选用材料牌号	所属钢种类	最终热处理
丝锥			
轴承内圈			
齿轮			
热挤压模			
锉刀			
铣刀			
变速齿轮			
板弹簧			

3．（7分）根据已知条件完成表5-7。

（已知材料牌号为：QT400-15，H90，ZCuZn38，HT250，YG8，KTH330-08，L3）

表5-7　　题3表

零件名称	选用材料牌号	所属材料种类
机床床身		
车轮轮壳		
汽车轮毂		
奖章、艺术品		
螺母		
电线、电缆		
切削刀头		

4．（3分）简述合金元素在钢中的主要作用？

综合测试 A

（满分 150 分，时间 120 分钟）

一、填空题（每个空格 2 分，共 40 分）

1．金属在静载荷作用下，抵抗____________或断裂的能力称为强度。

2. 金属的结晶过程由____________和______________两个基本过程组成，金属晶粒大小取决于形核率与长大速度。

3．淬火的目的是为了获得________________组织，从而提高钢的 __________、硬度和耐磨性。

4．20CrMnTi 是常见的_________________钢，其平均含碳量为_______________。

5．灰铸铁中石墨以______________形态存在。影响铸铁石墨化过程的主要因素是铸铁的成分和冷却速度。

6．钢的淬透性主要取决于钢的_________________________，钢的淬硬性主要取决于________________。

7．用 20 钢制造的齿轮，要求轮齿表面硬度高而心部有良好的韧性，应采用___________热处理，若改用 45 钢制造这一齿轮，则采用_______________________热处理。

8．铁碳合金的五种基本组织中，属于基本相的有___________________________________，属于固溶体的有_______________________。属于多相的有_______________和________________。

9. 根据热处理的目的和工序位置的不同，热处理可分为______________和_____________。

10．合金调质钢 40Cr，热处理后获得____________组织，使零件具有良好的____________性能。

二、选择题（将正确的选项填入空格中，每题 2 分，共 40 分）

1．平均含碳量为 1.5%的铁碳合金的室温组织是________。

A．*P*　　B．*P*+*F*　　C．$P+Fe_3C_{II}$　　D．*L'd*

2．符号 640HV 硬度值是采用________为压头进行硬度试验法获得的。

A．硬质合金　　B．钢球

C．136° 金刚石四棱锥体　　D．120° 金刚石圆锥体

3．为改善 T10 钢的切削加工性能，宜采用的热处理方法是________。

A．正火　　B．回火　　C．完全退火　　D．球化退火

4．淬火钢进行中温回火得到________。

A．回火索氏体　　B．回火马氏体　　C．回火托氏体　　D．珠光体

5．与钢相比，铸铁的工艺性能特点是________。

A．焊接性好　B．铸造性好　C．热处理性能好　D．锻造性好

6．制造坦克履带，挖掘机铲齿等选用何种钢为宜________。

A．ZGMn13　B．T8　C．4Cr13　D．W18Cr4V

7．牌号38CrMoAl钢属于________。

A．合金弹簧钢　B．合金调质钢　C．合金渗碳钢　D．滚动轴承钢

8．碳素工具钢制造的丝锥主应采用________。

A．双介质淬火　B．单液淬火　C．马氏体分级淬火　D．贝氏体等温淬火

9．确定碳钢淬火加热温度的主要依据是________。

A．C曲线　B．Fe-Fe_3C相图　C．钢的A_3线　D．A_1线

10．在下列四种钢中，钢的弹性最好的是________。

A．45　B．T12　C．60　D．65Mn

11．大小、方向或大小和方向随时间发生周期性变化的载荷叫________。

A．冲击载荷　B．交变载荷　C．静载荷　D．拉伸载荷

12．零件在工作中所承受的应力，不允许超过抗拉强度，否则会产生________。

A．弹性变形　B．塑性变形　C．断裂　D．屈服

13．破坏前没有明显的变形是突然性，机械零件失效中大约有80%以上属于________。

A．疲劳破坏　B．剪切破坏　C．弯曲破坏　D．扭转破坏

14．一般地说，在室温下，细晶粒金属具有________的强度和韧性。

A．较高　B．较低　C．不同的　D．相等

15．下列铁碳合金基本组织中与纯铁的性能相似的是________。

A．Fe_3C　B．P　C．Ld　D．F

16．碳溶解在γ-Fe中形成的间隙固溶体称为________。

A．Fe_3C　B．A　C．P　D．Ld

17．钢铁材料均以铁和________两种元素为主要元素的合金。

A．硅　B．锰　C．金　D．碳

18．下例物质属于晶体的是________。

A．普通玻璃　B．松香　C．钢　D．树脂

19．下列材料中在拉伸试验时，不产生屈服现象的是________。

A．铸铁　B．低碳钢　C．纯铜　D．纯铝

20．各种工具要求硬度高及耐磨性好，则应选用含碳量________的钢。

A．较高　B．较低　C．小于0.4%　D．大于2%

三、选择填空题（将正确的内容填入空格中，每题1分，共15分）

1．金属的塑性越好，变形抗力越小，金属的______（强度、锻造）性能越好。

2．莱氏体的含碳量为______（0.77、4.3）%。

3．钢中的锰、硫含量常______（固定、不固定）。

4．淬火钢回火的加热温度在A_1以下，回火后____（有、无组织）变化。

5．正火钢的力学性能比调质钢_____（好、差）。

6．GCr9 钢中铬含量约为____（9、0.9）%。

7．高锰钢易加工硬化，故高锰钢零件大多采用____（铸造、切削）成形。

8．灰铸铁的塑性比可锻铸铁______（差、好）。

9．合金能够进行固溶强化的主要原因是使晶格______（膨胀、畸变）。

10．结晶和同素异构转变都有______（升温、恒温）的过程。

11．使用性能是指金属材料在______（使用条件、加工制造）下所表现出来的性能。

12．变形一般分为弹性变形和______（塑性、压缩）变形。

13．塑性好的金属材料易于通过_____（切削、塑性变形）加工成复杂形状的零件。

14．在 F、D 一定时，布氏硬度值仅与压痕_____（深度、直径）的大小有关。

15．金属材料愈软愈_______（好、难）切削加工。

四、综合题（本题 4 小题，共 55 分）

1.（17 分）按图 A-1 回答下列问题。

（1）图 A-1 是奥氏体的____________________图。

（2）图 A-1 中区域①的组织是_________________，区域②的组织是_________________，区域③的组织是___________和___________。

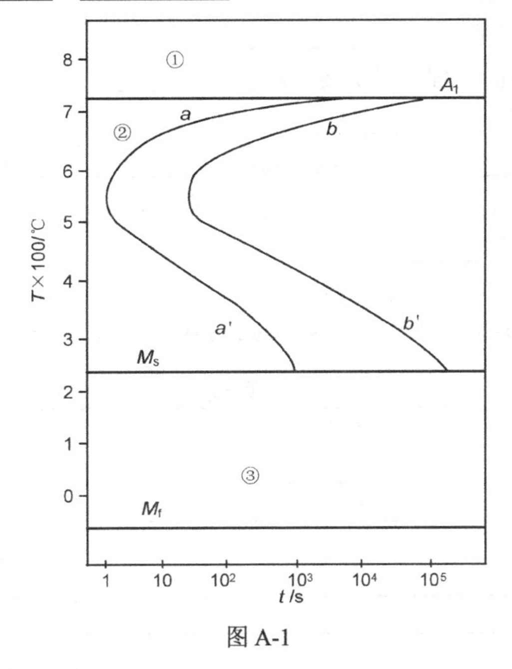

图 A-1

（3）图 A-1 中 aa′线表示_____________________。

（4）图 A-1 中 M_f 线表示_______________________。

（5）aa'线与 bb'线之间是______________区。

（6）过冷奥氏体等温转变有两种类型：_______________和_______________。

（7）过冷奥氏体等温转变图应用有两方面：①______________；②_____________。

（8）共析钢过冷奥氏体等温转变产物的组织为：__________、__________、__________、

__________、__________。

2.（17 分）根据要求作图 A-2，并回答问题。

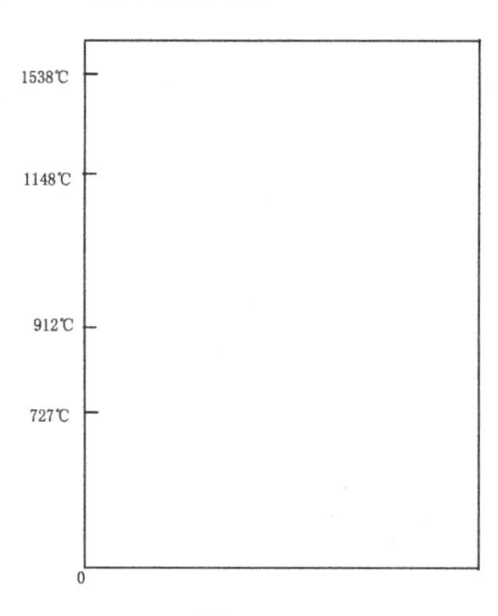

图 A-2

（1）根据给定的温度，绘出简化 Fe-Fe_3C 合金相图（“钢”部分），并正确标注特性点的符号、各区域类型、含碳量。

（2）45 钢的室温组织是________________。

（3）写出 T12A 在结晶过程中组织转变：________________。

（4）写出共析转变式：____________________。

（5）共析线是指______________ 线，常称______________ 线。

（6）共析钢的含碳量为_________________，其室温组织为_________________，将其加热到 900℃的显微组织为_________。

3.（16 分）根据已知条件完成表 A-1。

（已知材料牌号为：9SiCr，T12，W18Cr4V，50Mn，45，GCr15，3Cr2W8V，20CrMnTi）

表 A-1　　　　题 3 表

零件名称	选用材料牌号	所属钢种类
丝锥		
轴承内圈		
齿轮		
热挤压模		
锉刀		
铣刀		
变速齿轮		
板弹簧		

4.（5 分）写出纯铁的同素异构的转变式。

综合测试 B

（满分 150 分，时间 120 分钟）

一、填空题（每个空格 2 分，共 40 分）

1．材料的力学性能包括强度、硬度、____________、冲击韧性及疲劳强度等。

2．根据载荷作用方式不同，强度可分为__________强度、抗拉强度、抗弯强度、抗剪强度和抗扭强度等五种。

3．材料抵抗局部变形特别是塑性变形、压痕或划痕的能力称为______________。

4．Q235-A • F 钢的牌号中，屈服强度为____________________。

5．45 钢的平均含碳量为____________________。

6．热处理之所以能使钢的性能发生变化，其根本原因是由于铁有__________________。

7．在热处理工艺中，钢加热目的是为了获取____________________。

8．碳在 α-Fe 中的过饱和固溶体，称为____________________。

9．钢的热处理方法可分为淬火、________、_______、退火及表面热处理等五种。

10．淬火的主要目的是为了获得马氏体，提高钢的____________和___________。

11．高速钢俗称锋钢，其英文缩写为 HSS，最常用的两个牌号是____________________和____________________。

12．铸铁是含碳量大于____________小于 6.69%的铁碳合金。

13．钢回火时，性能的变化是随着回火温度的升高，钢的强度、硬度________________，而塑性、韧性____________________。

14．一般零件均以____________________作为热处理技术条件。

15．预备热处理包括淬火 、正火、________________等。

16．60Si2Mn 钢中平均含碳量为____________________。

二、选择题（将正确的选项填入空格中，每题 2 分，共 40 分）

1．日常生活中的许多金属构件都是通过________来提高其性能的，如汽车、洗衣机、电冰箱的外壳等。

A．淬火　　B．渗碳　　C．变形强化　　D．回火

2．下列组织常温下性能接近纯铁的是________。

A．奥氏体　　B．铁素体　　C．渗碳体　　D．马氏体

3．含碳量在 0.0218%至 0.77%的铁碳合金称为________。

A．铸铁　　B．合金　　C．共析钢　　D．亚共析钢

4．对钢性能产生冷脆性的元素是________。

A．硫　B．磷　C．硅　D．锰

5．45钢是________钢，从含碳量来看是属于中碳钢。

A．合金结构　B．优质碳素结构　C．碳素工具　D．碳素结构

6．9SiCr是________钢，含碳量约为0.9%，含硅、铬都约为1%。

A．合金轴承钢　B．合金结构　C．合金工具　D．碳素工具钢

7．硬质合金有三类，其中钨钴钛类（YT）硬质合金刀具适用于加工________料。

A．塑性　B．脆性　C．铸铁　D．铸铜

8．普通黄通是铜与________的合金。

A．铁　B．锌　C．铝　D．锰

9．2Cr13中含铬约为________。

A．2%　B．1%　C．13%　D．1.3%

10．零件渗碳后一般需要________处理，才能达到表面硬而耐磨的目的。

A．正火　B．淬火＋低温回火　C．调质　D．退火

11．在淡水、海水及蒸气中工作的零件，如阀体、阀杆等可用________。

A．普通黄铜　B．特殊黄铜　C．铸造黄铜　D．纯铜

12．常用于制造硬度较高、耐蚀、耐磨的零件和工具的不锈钢是________。

A．奥氏体型不锈钢　B．铁素体型不锈钢

C．马氏体型不锈钢　D．珠光体型不锈钢

13．常用于制造游标卡尺的钢是________。

A．CrWMn　B．55　C．T7　D．40Cr

14．属于合金弹簧钢的是________。

A．Gr15　B．40CrB　C．60SiM　D．60

15．08F钢从含碳量来看是属于________。

A．低碳钢　B．中碳钢　C．高碳钢　D．不锈钢

16．汽车、拖拉机等内燃机的曲轴一般选用________。

A．合金轴承钢　B．合金渗碳钢　C．合金工具钢　D．碳素结构钢

17．2008年北京奥运会主体育场“鸟巢”的钢结构中，可能用的钢是________。

A．优质碳素结构钢　B．不锈钢

C．高碳钢　D．低合金高强度钢

18．常用的锉刀加工部分的硬度值一般在________。

A．20～30HBS　B．30～40HBW

C．50～65HRC　D．40～50HRA

19．制造不锈钢餐具的钢是________。

A．1Cr18Ni9　B．3Cr13　C．00Cr18Ni10N　D．1Cr17

20．制造家用缝纫机机座的材料是________。

A．灰铸铁　B．可锻铸铁　C．球墨铸铁　D．蠕墨铸铁

三、选择填空题（将正确的内容填入空格中，每题 1 分，共 15 分）

1．制造电风扇叶片可以使用_____（白口铸铁、碳素结构钢）。

2．金属化合物的性能特点是硬度高、熔点高、______（导电性好、脆性大）。

3．滚动轴承的最终热处理是淬火+______（高温回火、低温回火）。

4．钢质自行车龙头、轮圈用结构钢制造，表面镀_____（铬、铝）增加耐磨、耐蚀。

5．自行车的辐条（俗称钢丝）最终热处理一般进行淬火加____（高温、中温）回火。

6．零件表面常常是黑色的（如自行车的前后轴），表面进行了____（渗氮、发蓝）处理。

7．一对啮合传动的齿数不等的齿轮副，大齿轮热处理后硬度_____（大于、小于）小齿轮。

8．从经济效益考虑，使用的美工刀片用_____（碳素、高速钢）工具钢制造。

9．制造饮料易拉罐的材料是用_____（铝、铁）合金制造的。

10．用于制造不锈钢茶杯的钢是______（铁素体、马氏体）不锈钢。

11．合金组织中的相变也是通过_____（形核、同素异构）和晶核长大进行。

12．机械零件在使用过程中不允许有 _____（塑性、弹性）变形发生。

13．奥氏体冷却到 727℃以下时转变为______（渗碳体、珠光体）。

14．α-Fe 的晶格是 ______（密排六方、体心立方）晶格。

15．金属铁在_______（727、770）℃温度以下具有磁性（能被磁铁磁化）。

四、综合题（本题 3 小题，共 55 分）

1．（10 分）根据共析钢过冷奥氏体等温转变情况，填写表 B-1。

表 B-1　　题 1 表

组织名称	符号	形成温度范围/℃	硬度
		350～230	45～55HRC
		550～350	40～45HRC
		600～550	330～400HBW
		650～600	230～320HBW
		727～650	170～220HBW

2．（17 分）填图题。

（1）在简化的铁碳合金相图 B-1 中填写①至⑥区域钢部分的组织（用符号表示）（6 分）

（2）分析合金 Ⅰ 由高温冷却到室温时的组织变化，在下列横线上填写组织符号（4 分）

L ——→ 1 ——→ 2 ——→ 3 ——→ 4 ——→ 室温

（3）合金 Ⅰ 冷却到 4 点时发生什么转变，请写出转变式（7 分）

3．（28 分）综合选择题。

下列各种金属或合金牌号中属于：

（1）滚动轴承钢的是　　（　　），最终热处理可选用（　　）；

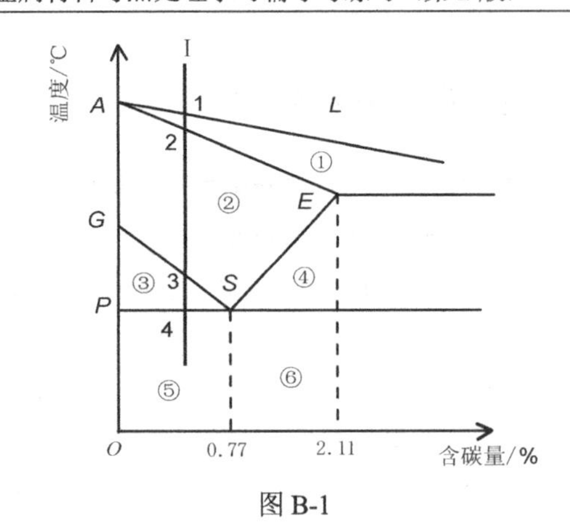

图 B-1

（2）碳素工具钢的是（　　），最终热处理可选用（　　）；

（3）优质碳素结构钢的是（　　），最终热处理可选用（　　）；

（4）合金弹簧钢的是（　　），最终热处理可选用（　　）；

（5）合金工具钢的是（　　），最终热处理可选用（　　）；

（6）合金渗碳钢的是（　　），最终热处理可选用（　　）；

（7）铸铁的是（　　）；

（8）不锈钢的是（　　）。

A．GCr15　　B．20CrMnTi　　C．40　　D．9SiCr

E．4Cr13　　F．T 12A　　G．HT200　　H．60Si2Mn

I．40Cr　　J．淬火+低温回火　　K．淬火+中温回火　　L．调质